BEYOND ANXIETY AND
PHOBIA

超越焦虑

〔美〕艾德蒙·伯恩 著

李亚萍 译

浙江教育出版社·杭州

只 为 优 质 阅 读

特别鸣谢

马特·迈凯在编辑本书的过程中不厌其烦、细致而不失灵活的协助。

卡萝尔·霍尼彻奇和安吉拉·沃特罗斯娴熟的编辑工作和高超的文字敏感度。

艾米·舒普精美的封面设计。

米歇尔·沃特斯专业的文字排版。

汤姆·瑞克、西塔·派克和史蒂夫·普拉肯悉心审阅本书的前几版内容。

珍妮·伦德斯特伦处理整本手稿，并提供宝贵的编辑意见。

割裂的时候，
我们与内我、与彼此渐行渐远，
我们焦虑不安的思绪，
迅速勾勒出恐怖画面——
有如我们信以为真的噩梦。

虽然我们被蒙蔽，
但每个人都渴望回到，
一处属于我们所有人的桃花源，
它位于我们的内心深处，
超越了我们的后天意识。
这是一处久违的秘境，
在这里，我们所有人融为一体，
超越了明显差异和语言隔阂；
在这里，我们所有人安心落意，
无畏无惧，
请记住，正是这无声的大爱，
将我们所有人拥在一起。

引　言

在过去的 15 年里，我一直运用认知行为疗法帮助患者战胜恐慌症、恐惧症和焦虑症。对于恐慌症患者，我教他们练习腹式呼吸，放下灾难性想法，并逐渐适应引发惊恐的生理反应。对于恐惧症患者，我指导他们循序渐进地直面自己避之不及的情境，每次进步一点点，直到最后不再逃避。对于总是忧心忡忡的广泛性焦虑症患者，我向他们传授放松技巧，帮助他们反驳消极负面的自我对话和思维。在我所有的客户中，大约有 50% 的人要么在求诊前就已服用药物，要么正在服用我推荐的药物，其中服用帕罗西汀、左洛复等 SSRI 类药物的患者尤其多。对于病情比较严重的患者而言，将认知行为疗法和药物疗法相结合似乎更有效。

多年前，在写第一本书《焦虑症与恐惧症手册》时，我发现在我的客户中有相当一部分采用认知行为疗法和 / 或药物疗法后，病情只得到了部分改善，没有得到他们最初希望的明显改善。还有许多患者病情明显改善半年至两年后还复发了。为什么这些患者的治疗效果不尽如人意？在某些情况下，这是因为他们在治愈后没有坚持练习基本的认知行为技能，例如，放松、挑战消极的自我对话或暴露练习。而在另外一些情况下，他们没有按医嘱服药，或者过早停药。不过在大多数情况下，我明显感觉我的客户需要认知行为疗法和药物疗法之外的帮助。他们一直在坚持练习相应的技能，但生活并没有真正好转，而且症状还会反复发作。传统疗法固然有所裨益，但仍然有治标不治本的嫌疑。

那我们还需要什么呢？在我看来，许多人需要改变一些基本的性格特质，例如，完美主义倾向、共同依赖情结或害怕被抛弃的心理。其他一些人需要解决他们与伴侣或其他家人长期以来的人际关系冲突，因为这些问题是他们焦虑的病根。另外，还有一些人则需要改变饮食，尤其是减少咖啡因、糖分以及垃圾食品的摄入。最后还有一部分人需要打破职业瓶颈，寻找更广泛的人生意义或人生使命。《焦虑症与恐惧症手册》后半部分涉猎了所有的这些问题，并分章探讨了焦虑易感性格、自尊、人生使命以及灵性等主题。

20 世纪 90 年代，市面上出现了 50 余本焦虑症领域的书，将标准的认知行为疗法和药物疗法进行了细化和升级。如今，这方面的专业书籍就更多了，既有针对专业人士的，也有针对普通读者的。然而，介绍如何解决性格、生活方式、人生意义或灵性等广泛问题的书籍还是少之又少，介绍这类问题如何引发焦虑症的书籍更是屈指可数。

我认为这些问题非常关键，因此决定专门写一本书详加探讨。《超越焦虑》针对《焦虑症与恐惧症手册》中涉及的主题进行了相当大的拓展，与此同时还探讨了几个全新的主题。在我看来，如今介绍传统型认知行为疗法和药物疗法的书籍太多，所以我有必要写这本书作为补充。虽然主流疗法的确行之有效，而且往往都能帮助到患者，但如果你觉得传统疗法不尽如人意，还是有许多其他疗法可以尝试的。

本书提供了十种替代治疗方法，它们是绝大多数焦虑症书籍中介绍的传统疗法的有益补充。有些方法可以直接解决一些类似于简化生活方式和生活环境、克服焦虑易感性格特质、需要人生意义和人生使命感这样的问题，另外一些方法更像是"替代"疗法，它们与主流认知行为疗法和药物疗法相对应，而且从医学角度来看，其主要特点就是"替代"。下面我简单介绍一下这十大方法。

简化你的生活——焦虑可能难以化解，因为你的生活方式太复杂了。如果你在太短的时间内有太多事情要做，有太多账单要支付，通勤时间太长，压力太大，要回复太多电邮，打太多电话，那么放松和认知行为疗法只能起到有限的改善效果。第 2 章详细论证了简化生活方式和生活环境有助于减少焦虑的理由。

处理你的性格问题——恐慌症、恐惧症或广泛性焦虑症的背后往往隐藏着某些核心恐惧，例如，害怕被抛弃、害怕被拒绝、害怕失控、害怕伤病亡或害怕被监禁。这些恐惧往往源于早期创伤或童年时家庭不和睦。克服这些恐惧心理有助于将焦虑症"连根拔除"。此外，解决核心恐惧也有助于化解导致你焦虑或压力过大的人际冲突。举例来说，如果你放下害怕被拒绝的核心恐惧，你可能就学会了不再为了取悦他人而牺牲自己。第 5 章详细探讨了核心恐惧以及焦虑易感性格特质这两个主题。

探索和表达你独一无二的人生使命——当生活失去目标或意义时，为了填补空虚，许多人会向外寻求各种各样的刺激，例如，五花八门的成瘾放纵，但这些刺激都无法提供任何长期的解脱。当你找到自己降临人世所肩负的独一无二的使命或目标时，源于空虚的焦虑往往就会随之消失始尽。我们每个人都肩负着一项或多项人生使命，它们始终意味着我们应该为超越我们自身的某项事业或某个人造福。找到自己的独特使命后，你便能发自内心地对生活产生热情。第 6 章将具体探讨这一主题。

草药和补充剂——你可能会发现卡瓦醉椒、圣约翰草等纯天然非处方药物和 S−腺苷甲硫氨酸以及钙镁有助于缓解焦虑和抑郁情绪，改善人的整体健康（请参见第 3 章）。

能量平衡法——有许多方法都有助于深度放松，疏通郁结，让人体的"生命能量"或生命力重新流动起来，从而提升整体健康。每天练瑜伽、打太极、练气功都有助于促进身心融合，增强你的能量，提升你的健康感。针灸、按摩或脊椎按摩等疗法如能定期施行，也能发挥类似的效果（请参见第 3 章）。

饮食——饮食会影响你的情绪、焦虑程度以及整体健康。减少饮食中的咖啡因、糖分以及食物过敏原有助于稳定情绪，因此请务必多摄取天然完整、未经精加工的食物。多摄取蛋白质，少摄取碳水化合物；多摄取蔬菜，少摄取基于动物的食品（请参见第 4 章）。

冥想——冥想是全球最古老的平心静气的方法，它可以引导你进入内心深处一块清静寂定的角落。此外，它还能帮助你培养一种观照能力，而不是永远被日常生活中的起起落落所裹挟（请参见第 7 章）。

灵性——灵性疗法是所有治疗方法中意蕴最深厚的，它可以帮助你融入宇宙中的创造性智慧。届时你会意识到，你不必在生活中孤军奋战，因为你可以向更高力量寻求力量、慰藉以及内心的宁静（请参见第 8 章和第 9 章）。

打造你的愿景——你全心全意相信并愿意为之献身的东西往往

会来到你身边。如果你相信自己会康复，并定期通过观想或自我肯定来夯实这一信念，最终就会摆脱恐惧，收获梦寐以求的平和心境（请参见第10章）。

爱——真正的爱总能战胜恐惧或焦虑，因为它源于内心深处某个已超越了恐惧的场域。恐惧在很大程度上是思维受到限制而产生的幻觉，它会导致你和他人之间产生割裂。爱是灵魂的馈赠，它可以弥合和治愈所有类型的割裂（请参见第11章）。

总而言之，本书介绍了治疗焦虑症的多种替代疗法，它们是传统型认知行为疗法和／或药物疗法的有益补充。以下是主流疗法和替代疗法的列表，以便你了解市面上所有的抗焦虑疗法。

主流疗法	替代疗法
腹式呼吸	简化生活
放松训练	处理焦虑易感性格特质
锻炼身体	找到人生的意义和使命
用客观现实的思维代替灾难性思维	能量平衡法
逐渐适应身体的焦虑反应	饮食
暴露疗法——循序渐进地面对恐惧场景	冥想
减少对所谓威胁的敏感程度	灵性
增强应对能力	打造你一定会康复的信念
冥想	爱
	草药和补充剂

你的康复计划很可能要运用这两类方法。这两类方法的效果因人而异。要想确定哪类方法最适合你，除了反复尝试看看哪一种疗法最理想之外，没有其他捷径可走。如果你刚开始寻求治疗，我建

议你先采用《焦虑症与恐惧症手册》中介绍的主流疗法。但如果你有意寻找主流疗法之外的治疗手段，或者已尝试过传统疗法，这本书就是一个非常好的切入点。

战胜焦虑症需要毅力、努力和献身精神。如果你积极主动，执行能力强，也许可以根据上述多种疗法制订自己的康复计划。不过，你也有可能不愿孤军奋战。事实上，找一位专业治疗焦虑症的心理医生合作也许效果更好：他／她可以为你提供指导、支持以及周密的安排，并根据本书或其他专业书籍中的理念和策略为你量身定制康复计划。此外，如果你的所在地有焦虑症互助小组或治疗小组的话，也许会对你非常有帮助。如需寻找治疗焦虑症的心理医生，请查阅美国焦虑症协会发布的《北美专业会员名录》，也可以致电美国焦虑症协会或访问该机构网站 www.adaa.org（请参见附录 1）。

我在此祝愿你能最终战胜焦虑。本书提供了诸多疗法，我相信只要你真诚渴望康复并愿意为之努力，深度治愈永远都有可能。

目录

第 **1** 章

焦虑症与恐惧症的全新疗法

20 世纪末的最后 20 年里，形形色色的焦虑症分析知识以及治疗方法一下子呈井喷之势，引爆了整个精神病学界。当时的专业人士将焦虑症分为七大类：

- **恐慌症**——高强度、高烈度的焦虑情绪突如其来，骤然发作。

- **广场恐惧症**——置身于自认为不安全的情境或缺乏安全感的场所（如家之外的地方），或者置身于难以逃离的场景（如在高速公路上开车或在超市收银台排队）时害怕恐慌发作。这种恐惧往往会导致患者避开许多场所。

- **社交恐惧症**——面对他人的审视或上台表演时害怕自己会难堪或丢脸。

- **特定恐惧症**——对某个特定的物体或情境（如蜘蛛、水、雷暴、电梯或乘坐飞机）持强烈的恐惧情绪，常常引发回避行为。

- **广泛性焦虑症**——由至少两个心结（如工作或健康）诱发、至少持续半年的慢性紧张焦虑情绪。

- **强迫症**——重复性的强迫情结（反复出现的思维）和/或强迫行为（缓解焦虑的仪式），且程度严重，以至于费时耗力或引发明显的痛苦。

- **创伤后应激障碍**——经历高强度、高烈度创伤（如自然灾难、暴力攻击、强暴或意外事故）后或者目睹他人身亡或重伤后产生的焦虑情绪以及其他症状。

美国、英国的研究人员和临床医生已创制了治疗这些精神障碍的有效疗法。认知行为疗法是亚伦·贝克的认知疗法和约瑟夫·沃尔普的系统脱敏疗法联姻的结晶，可以治疗所有类型的焦虑症，时至今日仍是最有效的主流心理疗法。研究和临床实践的结果一致证明了认知行为疗法的功效。从目前来看，认知行为疗法大致包括六大战略，它们是：

- **腹式呼吸训练**——学习从腹部缓慢呼吸。

- **肌肉放松训练**——学习深度放松身体所有肌肉。

- **认知疗法**——用更客观、更有建设性的思维代替灾难性的恐惧思维。

- **内感性暴露法**——类似于脱敏疗法，可以帮助患者摆脱内在的焦虑感。

- **实境暴露法**——逐渐面对之前竭力回避的可怕情境，这时往往需要一位陪同人员。

- **暴露与反应预防疗法**——暴露于容易引发强迫行为的情境之中，并设法抑制自己的强迫行为。

20 世纪 80 年代出现了药效强、持效短的镇静剂，90 年代又出现了选择性 5- 羟色胺再摄取抑制剂（SSRI），因此精神医学专业人士又创制出针对各类焦虑症的精神药理疗法。当前的临床治疗方法往往将认知行为疗法和药物疗法相结合，在治疗恐慌症、社交恐惧症和强迫症时尤其如此。对于焦虑症状为中度到重度的患者，药物疗法似乎特别有效。

事实上，认知行为疗法和药物疗法都非常有效，世界各地的无数患者都因为这两种疗法之一或两者相结合而获益，研究和临床实践结果反复证明了它们的疗效。对治疗焦虑症比较在行的临床医师但凡有一点自尊心，都会使用这两种疗法。

那么，既然绝大多数临床医师都采用了上述两种疗法，这本书又在折腾什么？我为什么硬要写一本书提供超越主流疗法的全新视角？原因很简单，并不是每一位接受认知行为疗法和／或药物疗法的患者都能获得满意的康复效果。有些患者得到专业贴心的治疗，康复了一段时间后又复发了。所以在我看来，为确保更持久、更全面的康复效果，我们至少有时还是需要一些超越认知行为疗法和药物疗法的东西。

在写《焦虑症与恐惧症手册》时，我意识到认知行为疗法和精神药理疗法尽管非常有用，但并非总是滴水不漏。举例来说，如果患者不改变他们的生活方式、不设法克服容易引发焦虑的性格特质（如完美主义倾向）、不处理他们在家庭或工作中的人际冲突、不寻找一些更大的人生意义，他们可能会一直焦虑下去，认知行为治疗师和精神病医师很可能再怎么努力也是枉然。虽然我已在《焦虑症与恐惧症手册》中谈过这些问题，不过现在写《超越焦虑》是为了深入探讨。本书将在后面讲解影响焦虑症的生活方式、环境和性格问题，并从存在主义和精神的角度分析焦虑情绪。经过 20 多年的临床实践，我可以肯定地说，专业运用认知行为疗法或药物疗法的临床医师对这些问题往往关注得还不够。

本书提供的方法和认知行为疗法之间存在两个不同之处。首先，认知行为疗法将焦虑症拆解为零散的部分，然后设法治疗每一个零散部分。举例来说，如果你有恐慌症和广场恐惧症，你就得学习：

1）缓解生理性焦虑的策略，例如，腹式呼吸和渐进式肌肉放松；2）扭转思维法，以改变容易引发恐惧的思维模式；3）渐进式暴露方法，以克服基于恐惧的回避行为。所有的这些方法都可以帮助你战胜恐慌症和恐惧症，但在某些情况下，无论它们的效果多么神奇，仍然有欠缺之处。如果你的焦虑主要源于生活节奏太快，让你无法喘息，那该怎么治疗？如果你的焦虑源于自己和老板、伴侣或某个权威人物之间水火不容、龃龉不断，那该怎么办？又或者，如果你的抑郁和焦虑背后深层次的原因是你的生活缺乏意义和使命感，那又该如何？

本书中的方法不提供解决生理机能、思维和行为问题的具体技巧，而是专注于改变整个人。本书将在后面的章节中探索一些深层次的问题，例如：

- 如何简化生活收获内心的平静？
- 如何解决容易引发焦虑的性格问题？
- 什么样的替代疗法可能会有助益？
- 学习定期冥想对缓解焦虑有什么帮助？
- 寻找独一无二的人生使命、采用一种更注重灵性的视角会如何深入疗愈你的生活？

我写这本书并不是为了取代认知行为疗法和药物疗法，毕竟这两种疗法还是很有效的。本书的目的只是提供一种补充，让大家有一个全方位的视角，能够从视自己为一个整体的人这个角度来审视自己的焦虑症并采取相应的解决方案。

本书提供的疗法和传统疗法的第二个不同之处在于它对焦虑症状的看法。人们常常视症状为一种欲除之而后快的东西，治疗的目的因而就成了想方设法缓解或消除恐慌发作、恐惧性回避行为、广泛性焦虑情绪、痴迷行为以及强迫行为。虽然我无意辩驳缓解症状的重要性和正确性，但在这里我也想鼓励诸位视症状为一种信号。症状不是随机的，也不是随意的——它们其实暗含大量信息。你得扪心自问：我患上焦虑症到底意味着什么？我的身体和意识想告诉我什么？最重要的是，如果想康复，我应该做出什么样的改变？

你的焦虑症并非凭空而来，它之所以产生，是因为长期累积的压力——或者可能是因为某个主要的应激因素——与你的基因结构、童年经历以及长大成人后的某种独特生活方式、生活重心、性格因素以及人际关系相结合而产生的化学反应。是的，你当然想摆脱所有的症状，但你也许应该视它们为盟友。

焦虑症状其实是在召唤你更好地了解自己——真正地审视自己，认真思考想要收获好心情，你的性格以及你的生活需要做出什么样的改变。不妨这样看待症状：如果焦虑症并没有让你停下脚步留意自己的问题，你也许就会按照惯性继续在错误的轨道上行驶，直到出现更严重的后果。我常告诉客户，焦虑症的功能和溃疡或偏头痛差不多。你的身体在发出警告，暗示你必须做出一些改变。你可能必须扭转长期形成的性格模式、解决人际冲突、改变生活重心和价值观，以及／或者找到全新的生活意义。等想明白应该怎么做、必须做出什么样的改变后，你的整个人生便会上一个新台阶，心情也自然会好得多。当然，你的恐慌症、恐惧症或强迫症也会随之好转，至于抑郁情绪、头痛、失眠或暴躁易怒的坏脾气很可能也会自行消解。你整个人都会好起来。

在这本书中，我不仅会要求你做一些缓解症状所必需的功课，还会帮你理解这些症状向你传达的密语。

为什么患者接受治疗后并未好转

如前所述，本书的目的是提供一些全新视角，帮助患者提升康复的可能性，减少复发风险。在接受了先进疗法的焦虑症患者中，有 30%～40% 的人康复效果有限。他们没有体验到自己所希望的释然。在治疗一开始便有所好转的患者中，有相当一部分人一段时间后又复发了。在某些情况下，患者复发只是因为生活压力陡增，所以是临时性的，待压力消除后可能也能控制住；但在另外一些不太幸运的情况下，复发似乎是永久性的。

为什么有些患者接受了非常好的治疗之后并没有好转？为什么另外一些患者会复发？这个问题我想了很久，之后想出了我自认为站得住脚的五大理由。在介绍这些理由之前，我先假设患者接受的治疗是合情合理的，的确是那种帮助许多患者康复的先进疗法，即心理医生能对症提供认知行为疗法和／或药物疗法。如果你没有好转是因为治疗不当（如你的心理医生只是坐着和你聊天，或者只是尝试替代疗法，没有运用认知行为疗法），你得继续寻找，直至找到有效的疗法。所以请记住一点，我后面列出的理由需要先假设你已得到适当的治疗，但效果不尽如人意。

你没有继续践行认知行为疗法的基本方法和策略

摆脱恐慌症、恐惧症、强迫症或广泛性焦虑症是一个长期过程，需要持续不断的努力。你需要每天抽时间练习肌肉放松、做有氧运动、挑战反驳引发焦虑情绪的思维、逐渐面对内心的焦虑感或一步一步加码将自己暴露于曾竭力回避的外部环境之中。如果在认知行为疗法的治疗过程中，你不能也不愿意付出这样的努力，那很可能就没有康复的希望了。如果治疗后不坚持做放松、运动和暴露疗法的基本练习，复发风险亦会随之增加。战胜焦虑症需要永久性地改变生活方式，每天花点时间练习避免焦虑症和恐惧症复发的技能。

如果实在抽不出时间，没法坚持确保长效康复效果的日常练习，这里有一两个补救措施也许可以一试。第一，你可以和心理医生安排心理治疗之后的定期"强化课"，让自己保持在康复的轨道之上。第二，如果你住在大城市，则可以参加焦虑症支持小组。这样的小组必须致力于帮助每一位成员设法维持康复效果或提升康复效果——而不是没完没了地发泄情绪，抱怨问题。如果你所在的城市没有这样的支持小组，可以试试在网上的论坛和聊天室寻找这样的支持资源（请参见附录 1）。

你没有遵医嘱服药或在药物完全发挥药效之前就已停止服药

一般而言，处方药并不是必需的。但如果你的问题相对比较严重，可能需要将药物治疗与认知行为疗法相结合才能取得理想的疗效。我说的"严重"指的是你的问题至少满足以下一个标准：

- 焦虑症的破坏力足够强，致使你难以工作和／或在工作上难以正常发挥（或者已导致你停止正常工作）。
- 焦虑症干扰了你与家人和／或爱人维持亲密和谐关系的能力（或者使你无法与任何人建立亲密关系）。

- 焦虑症使你在醒着的一半时间里深陷于巨大的压力之中。这不只是严重的困扰或烦躁——你甚至经常崩溃，每一天都是煎熬。

如果你认为自己的焦虑症符合这些标准中的一条或多条，那么你可能需要尝试药物治疗，例如，帕罗西汀、左洛复或西酞普兰等选择性 5-羟色胺再摄取抑制剂（SSRI）或者丁螺环酮这样的药物。如果你的情况比较严重，不要因为害怕或排斥心理而拒绝药物，这可能会影响康复效果。在多年的临床经历中，我看到过相当多的客户苦苦挣扎了好几年，直到最后决定尝试药物才好转。

《焦虑症与恐惧症手册》中的"药物治疗"一章详细介绍了何时使用药物以及使用什么药物的指南。你也可以联系美国焦虑症协会（Anxiety Disorders Association of America，简称 ADAA）或访问该机构网站 www.adaa.org，请其引荐一位你所在地区擅长治疗焦虑症的精神科医师。

药物治疗还有一个问题，那就是患者服药的时间不够长。举例来说，有研究表明，对于恐慌症患者而言，服用抗抑郁药物（丙咪嗪、帕罗西汀、左洛复、奈法唑酮、西酞普兰等）最有效的时长约为 18 个月。在受试服药 6 个月的人群中，复发率为 70%；而在另一个受试服药 18 个月的人群中，复发率仅为 30%。

在我看来，服药时间长一点可以帮助严重焦虑症状导致的最初创伤渐渐结疤愈合，让大脑获得新生，也就是说，焦虑症导致的最初创伤可能实际上对大脑产生了物理影响。不幸的是，严重焦虑症如果得不到治疗的话，症状持续得越久，创伤的潜在伤害就越大。创伤越大，症状就越有可能慢性化。因此，服药宜早不宜迟，这样才有助于缓解这类创伤的影响。至少坚持服药 18 个月，有些情况下甚至要更久一点，让大脑有机会休养生息，获得新生。我衷心希望将来有更多研究来评估我的理论。以上观点主要适用于 SSRI 类抗抑郁药（百忧解、帕罗西汀、左洛复、氟伏沙明、奈法唑酮、西酞普兰）和三环类抗抑郁药（去甲替林、地昔帕明、多虑平）的使用，不适用于强效镇静剂（阿普唑仑、氯硝西泮）。因为如果不学习任何心理治疗技巧或改变生活方式以克服心理问题，服用强效镇静剂的患者复发率往往极高——甚至服药几年后仍然会复发。

你没有调整生活方式，在生活中注入更多平静和闲适

如果你的生活错综复杂，成天忙得焦头烂额，始终处于高压易爆的状态之下，那么即便接受了认知行为疗法，也服用了对症药物，康复效果可能仍然还是有限的。焦虑症的触发因素主要有三个：遗传、性格（基于童年经历）和累积的压力。对于基因构成和童年经历，我们可能无法改变，但减缓生活压力还是有很多办法的。如能减缓和控制压力，摆脱焦虑症的概率就能大幅增加。事情就是这么简单。压力源于内外双重因素。外部因素包括工作压力、上下班通勤、雾霾、食品添加剂、讨厌的亲戚、噪声污染等。这类压力源往往从外部解决即可。而内部因素往往与你自己的心态有关，例如，过于强调成功以致不择手段或习惯于在极短的时间内处理太多事务。这类压力源需要内部的解决方案——基本上意味着改变心态和生活重心。对于许多患者而言，如果不把内心的平静和健康放在与事业上的成功和物质上的成就同等重要的位置，摆脱焦虑症或恐慌症就是无稽之谈。

本书第 2 章"简化你的生活"提供了一些管理压力的策略，它们似乎更多地侧重于"外部"。然而，执行这些策略也需要改变心态。在后面一章，我首先会谈谈我通过简化生活舒缓压力的个人经历，然后会提出几条帮助你简化生活的建议。如能身体力行，你也可以改变你的生活结构，从而收获更多平静、闲适与和谐。当你真正渴望在生活中注入更多平静时，则往往会愿意大刀阔斧地去繁就简。这类变化产生的影响可能和认知行为疗法或药物疗法的影响不相上下，都能帮助你摆脱焦虑。它们对我而言就是如此。

你没有处理导致焦虑症的性格问题和人际关系问题

认知疗法和暴露疗法也许可以帮助你扭转引发恐慌的思维并直面恐惧，但并不能改变一开始就陷你于焦虑状态的核心性格特质。举例来说，如果父母有完美主义倾向，控制欲过强，那么你自己有可能也是一个完美主义者。你可能会觉得自己或者自己的生活一无是处，完全达不到你心比天高的标准，这样一来，你便陷自己于无休无止的压力之中。如果父母对你百般挑剔，你可能会形成对人百般讨好以博得他人认可的个性。如果你不惜牺牲自己的个人需求来取悦他人，那心里就可能积累许多难以排解的怨气，因此就更有可能患上焦虑症。不安全感、过度依赖、过度谨慎和控制欲过强往往是焦虑症患者额外的性格问题。这些核心性格特质常常与人际关系问题密切相关，即你可能对另一半要求过多（完美主义）或几乎不做要求（取悦欲过强）；或者你可能恨父母总是对你管头管脚，但在他们面前却不敢维护自己的需求。

第 5 章"处理你的性格问题"探讨了我在焦虑症患者身上看到

的六大问题：

- 取悦欲过强（害怕被排斥）

- 不安全感和依赖性过强（害怕被抛弃）

- 控制欲过强

- 完美主义

- 过度谨慎（害怕伤病亡）

- 害怕被限制

这一章针对每一种问题提供了简短的自测题，以便你测试自己是否有性格问题。与此同时，我还提供了相应的指引，用于修复和补救我称之为"焦虑易感性格"的各个方面的漏洞。

存在问题

你之所以患上焦虑症，其根源可能比性格问题还深。你被空虚感裹挟，或者觉得人生毫无意义，这时尽管采用了心理疗法和药物疗法，焦虑也许仍然挥之不去。在这个时代，太多相互冲突的价值观层出不穷，像教堂或社会习俗这样的传统权威又逐渐缺席，人们很容易毫无目标，困惑无措。现代生活的节奏往往会催生出困惑，甚至是彻底的混乱。

对于所谓的"存在性焦虑"，认知行为疗法不可能起效，这时需要另一种疗法。

如果你觉得生活毫无意义或漫无目标，那你也许得好好探索自己独一无二的天赋和创造力，然后想方设法在这个世界上将它们表达出来，以实现自己的人生意义。我相信，我们每个人都有自己独一无二的天赋——我们能为这个世界所做的独一无二的贡献。第

6 章"寻找你的独特使命"将具体探讨如何寻找自己的天赋,你会看到一份问卷,它可以激发你深入反思自己的独特目标或人生"使命"是什么。第 6 章亦提供你找到使命后如何履行的具体指引。如果你觉得生活空虚或毫无意义,也许应该先读一下第 6 章。

以上我列出的五大理由,你觉得哪一条比较符合你的情况?更重要的是,如果你已寻求过治疗焦虑症的方法,但康复效果不尽如人意,那么你觉得自己可能还需要考虑其他什么样的疗法?

本书旨在提供除认知行为疗法和药物疗法之外的一系列可能有所助益的疗法。所以,我提出三种额外的考虑视角,也许它们会对你非常有帮助:

- 替代疗法
- 冥想
- 灵性疗法

这三种疗法的视角对我以及我的许多客户都大有裨益。

替代疗法

最近几年,人们对替代疗法产生了浓厚的兴趣。主流疗法的疗效问题再加上管控式医疗保险服务的出台,使越来越多的人开始探索替代疗法的效果。抑郁症患者当然也在此列。我的许多客户在使用处方药之前都想尝试一下自然疗法,还有一些已服用了药物的客户则希望尝试草药、针灸、按摩或其他类似的替代疗法。这些做法背后的基本理念非常简单：恢复身体的整体健康有助于战胜焦虑。替代疗法的目的往往是治疗整体的人。因此，它们对焦虑症患者会大有助益。虽然它们绝对不可能取代认知行为疗法成为一线疗法，却是认知行为疗法的绝佳补充。事实上，它们的地位足够重要，以至于我觉得有必要在本书中专门写一章来介绍它们。

第 3 章探讨了广泛多样的替代疗法。其中最著名的很可能是使用草药和补充剂来治疗焦虑症和抑郁症。卡瓦醉椒、缬草和西番莲等纯天然镇静剂已经给许多饱受焦虑症折磨的人带来了福音，而圣约翰草、S-腺苷甲硫氨酸（SAM-e）和色氨酸等纯天然抗抑郁剂对于通常伴随焦虑症的抑郁情绪也有非常好的缓解作用，对焦虑情绪本身亦有一些抑制作用。草药和补充剂最适合治疗轻度至中度范围的焦虑症或抑郁症。这个程度的焦虑症只是会给你的生活带来麻烦和不适，不会造成巨大的痛苦，亦不会干扰你正常的工作能力。轻度至中度范围的抑郁症意味着你会心情低落、灰心气馁或悲观失意，但不会吃饭没胃口，也不会每晚睡觉严重失眠，当然也更不会时常有自杀的念头。严重的焦虑症和抑郁症最好采取心理疗法和药物疗法相结合的治疗手段。

除草药和补充剂之外，像瑜伽和太极这样的运动项目也有助于缓解肌肉紧张，疏通容易引发焦虑的能量淤积。经常运动健身可以使身体更放松，韧性更好，精力更充沛，从而提升整体幸福感。坚持每周做一次深层肌肉按摩可以有效缓解长期的骨骼肌肉紧张，这当然有助于舒缓焦虑。针灸的效果也非常好，不仅能提升身体的放松度，还能激发活力，经证明有助于治疗慢性抑郁症。另外，脊椎按摩疗法亦能舒缓压力和肌肉紧张，舒展僵硬紧锁的关节。

在替代疗法中，最后一个但绝不容忽视的疗法就是饮食疗法。第4章将详细介绍饮食疗法。治疗焦虑症的第一条也是最重要的一条饮食指引就是戒断咖啡因（以及尼古丁和麻黄素等其他兴奋剂）。除此之外，许多其他营养问题也会或多或少地触发焦虑症，包括低血糖、食物过敏、人体酸性过高、蛋白质摄取不足、水分摄取不足以及加工类垃圾食物摄取过量。第4章将提供有助于缓解焦虑症的14条饮食指引。

在不久的未来，注重整体的替代疗法将会被越来越多的人所接受，直至成为主流疗法的一部分，不过这是后话。现在我有必要鼓励诸位深入了解这些方法，探索哪一种方法对你比较有吸引力。我在第3章和第4章的末尾列出了一些比较实用的参考书目，非常适合入门阅读。

冥想

有的人认为冥想只是另一种替代疗法。事实上，这是一种最古老的战胜广泛性焦虑症和一般性忧虑情绪的疗法，而且时至今日，仍然是这方面最宝贵的疗法之一。冥想起源于4000年前的远东，它的目标简单至极：超越或摆脱过于活跃、浮躁纷乱的精神状态以减少痛苦。根据冥想的传统观念，我们每个人天生都有一块清静寂定的心之角落，它一直都在，只是被不断翻腾的思绪所遮蔽而蒙尘。

如能通过冥想练习让心情平静下来，这块心之角落或清静寂定的心灵状态就有机会重见天日。

经常做冥想练习有助于促进内心的宁静以及平和。在所有的深度放松练习中，冥想在每日练习的基础上很可能是最有效的。研究表明，定期练习冥想有无数好处，包括减压、舒缓焦虑、降低血压、减少身心不适，以及提升头脑的灵活性、激发身体活力、提升自尊等。我会在第 7 章详细介绍冥想。

冥想练习最大的好处很可能是培养正念。"正念"这个词似乎和大脑有关，其实它是"知觉"的代名词。培养正念意味着从根本上改变你的人际关系或改变你对生活中经历的一切所持的态度。它意味着你培养出了一种观照的能力，而不必在每个当下一味地回应自己的感受。你不再被自己的冲动、欲望、恐惧、愤怒、悔恨、评判等所裹挟，而是丝毫不为所动。相反，你学会了不带一丝抵触或评判地与构成直接体验的所有元素相融合。正念并不是从自己的感受中抽离出来，它指的是意识到它们的存在，从而在每个当下自行选择如何主动"行动"（而不是被动"反应"）。就焦虑症而言，正念简直是忧虑情绪的强大克星。忧虑意味着活在未来。你的大脑感知到了目前尚未真正发生、将来也很可能不会发生的威胁或危险，于是便开始焦虑起来。正念会将你拉回来，让你活在当下，让你看清大脑往往会制造出潜在威胁的幻象，从而不必深陷其中。

我的许多客户以及我本人都因为冥想而减少了无谓的忧虑，冥想一直都让我们受益匪浅。我认为，它理应成为广泛性焦虑症标准疗法的一部分。冥想疗法地位尊崇，完全够资格在本书中单独占一章。

灵性疗法

世界各地的宗教在焦虑这个问题上并未保持沉默。所有的宗教都以这样或那样的方式提供获得内心平静的想法和做法。内心的平静当然是消除恐惧、忧虑和焦虑的终极解药。绝大多数的宗教亦视无条件的爱（或怜悯）为最高级的人类意识状态之一。在其中一些宗教传统看来，这样的爱是神性的本质。和内心的平静一样，无条件的爱也同样被认为是恐惧的解药，能够强有力地战胜恐惧。

有一项研究将世界各地的宗教做了一番对比，以探讨它们如何定义通往宁静和怜悯的道路。这项研究相当有意思，不过不在本书讨论的范围之内。你可能已笃信某个特定的宗教，也许通过遵循该信仰的想法和做法，已找到了慰藉和内心的平静，焦虑情绪亦有所缓解。不过出于本书的目的，我选择介绍灵性，而不是任何一种特定的宗教。

除了治疗焦虑的所有主流疗法，培养灵性是另一种治疗恐惧症的有效疗法，甚至能够切切实实地改变你的整个生活。对于我个人、对于我相当多的客户而言，培养灵性一直是摆脱焦虑的重要途径之一；与此同时，它也是世界各地数以百万计的人通过 12 步戒酒法[①]

成功战胜成瘾问题的康复秘诀之一。本书有一个重要的目的，那就是在焦虑症领域给予灵性疗法应有的地位。正如药物疗法领域已开始转向一样，焦虑症领域目前也开始转移至一个全新的治疗方向——将基于科学的疗法与基于灵性的整体疗法视为相辅相成而非相互抵触的关系。

本书使用三个章节详细介绍如何运用灵性的原则和实践战胜焦虑症。第8章"放手"共分为两个部分。第一部分探讨在日常生活中抛开忧虑。第二部分则探讨将看似无法解决的问题放下，交给更高力量来处理。依靠更高力量的援手绝不意味着你可以卸下责任，不必借助相应的疗法做所有必要的功课来解决自己的问题。我们完全可以将所有必需的"妙招"（尤其是认知行为疗法功课）与信任更高力量的援手相结合来实现康复。这一点在许多采用12步戒酒法战胜成瘾问题的人身上得到了验证，我相信对于焦虑症患者也同样适用。

第9章旨在探索如何借助灵性疗法这个至关重要的手段以改变你看待焦虑症的方式。对我而言，这是一种特殊形式的"认知疗法"——是哲学或人生哲学级别的认知疗法。要想从根本上扭转心态，往往离不开精神上的转变，例如，增强康复的信心、提升内心的安全感、实现平和心态以及放下完美主义倾向和控制欲乃至于提升自尊等。这一章亦会提供问卷，以探寻你对更高力量的理解以及你个人的灵性体验。最后，我会提供我对灵性的12点看法，以抛砖引玉请你探索你对人生和现实的个人理解。这12点看法一直是我和客户开展讨论的出发点，现在可以用来激发你思考自己对宗教的理解。它们也许可以让你重新审视自己看待焦虑症的方式。

第10章"打造你的愿景"所持的理念是，你坚信不疑、愿意拼尽全力为之付出的东西最后往往会降临实现。人类可以"打造现实"（所谓的心诚则灵）的理念最好从灵性的角度来理解（传统科学视这种理念为"迷信"）。当你诚心诚意地专注于一个目标、一个为自己的最高福祉而定的目标时，你的更高力量（无论你选择如何定义这股力量）就会帮助你实现这个目标。第 10 章将提供运用这一原则以战胜焦虑症的详细步骤。

最后在第 11 章"爱"，我会介绍爱的理念，即真爱是疗效最彻底、最持久的焦虑症神药。我说的"真爱"是一种无条件的爱，它源于纯净无染的怜悯、宽恕或自发的慷慨。培育和滋养对自己、对他人的真爱是战胜焦虑的一条捷径。爱能像光明驱散黑暗一样消融焦虑。爱比恐惧更强大，因为它能直达灵魂深处。爱停驻于人类存在的根基之处，扎根于我们所有人彼此相连乃至于与宇宙中所有其他事物相连的结点。另外，恐惧是一种为了逃避潜在威胁而后天习得的条件反射，它的根基并没有爱那么深。当你发自内心、毫无保留地与除自己之外的其他人或其他事物产生连接时，爱就自然而然地出现了；相比之下，焦虑则源于与他人切割或断绝——或者与自己脱离。如能敞开心扉，深化爱的能力，驱走焦虑就变得容易多了。你只需要变得比焦虑更"浩瀚"即可，因为焦虑的始作俑者就是设置藩篱的有为心 ①。焦虑的时候，如能听从无为心的召唤（"放

---

① conditioned mind，佛经中认为，人的心一旦被执念所控制，就不可能逃离这个世间，一旦无法逃离，就有生老病死。这种不断生灭的念头、这种心叫作"有为心"。"有为心"和"无为心"的概念源于佛教中的"有为法"和"无为法"，简单而言，有为就是人为，无为就是没有人为，或者叫"自然"。有为法就是人为法，无为法就是自然法，也即"天道"。

下执念"），你感知的事物就更清晰，任何不真实的恐惧都会大白于天下，现出虚妄的真身。

我希望本书最后几章提供的灵性视角能对你有所助益。在阅读这些章节时，请针对自己的情况加以取舍。这里没有一种绝对正确的方法，每个人都必须根据自己的情况来定义灵性的性质和范围。

本书的目的是提供广泛多样的战胜焦虑症的方法，我们不仅要认可现有的主流疗法，也要超越主流疗法的拘囿。从我的临床经验来看，这种全面详尽的策略最有可能帮助患者获得彻底而持久的康复效果——而且从长期来看，亦能享受到更满足、更宁静的生活。本书并无取代认知行为疗法和药物疗法之意，它只是提供一种替代模式作为当前疗法的补充。我相信，这样的方法不仅适用于焦虑症领域，也适用于普遍意义的心理学领域，以及药物、政治、国际关系领域。尤其在我们迈入 21 世纪之际，这样的方法亦非常适合地球环保领域。在看待我们自己和身边的世界时，科学视角和整体视角并不冲突，相反还是彼此的绝佳互补。就个人而言，我相信只有将这两种视角相结合，我们才能从个人和集体层面找到解决人类问题的终极答案。

第 *2* 章

简化你的生活

简化生活是一件战胜焦虑的强大武器，它意味着视内心的安宁为生活的第一重心。简化生活需要更有意识地拥抱生活，尽量减少干扰；它需要你与生活的方方面面——包括家庭、工作、社区、大自然、宇宙和你自己——建立一种更直接、负担更少的关系。

　　简化生活并不意味着赤贫度日。贫穷是非自愿的，是束手束脚的，但选择删繁就简却是自愿的，而且能赋予你力量。简化是在节俭和浪费之间找到一个恰到好处的平衡点，它介于森林小木屋和郊区大别墅之间。如果住在郊区不现实，你在市区的环境中一样可以实现简化。总而言之，简化生活并不意味着放弃现代生活的舒适和便利，以证明自己有能力不依靠最新科技。甘地曾谈到否定生活的物质方面，他说了这样一番颇值得玩味的话："只要你能从任何事物中找到内心的舒缓和慰藉，那就坚持下去。不要因为自我牺牲精神或严苛的使命感而放弃这种享受，否则你会没完没了地想把它拿回来，这种求而不得的渴望会让你更痛苦。"

　　至于简化生活的具体构成是什么，这世上没有确切公式。每个人都应该根据自己的情况探索删繁就简的方式。作家杜安·艾尔金曾在 1993 年深入思考过简约这个问题，他列出了一份清单，供选择简化生活的人士参考：

- 将简化生活后腾出来的时间和精力用于陪爱人、孩子和朋友，和他们一同散步、演奏音乐、吃饭、露营等。

- 努力开发自己的全部潜力——通过跑步、骑行、远足等开发体力潜能；通过学习如何增进亲密感、如何分享感受、如何建立亲密关系以开发感情潜能；通过阅读、上课等坚持终身学习的方式开发智力潜能；通过学习在生活中保持淡泊心境和怜悯之心以开发精神潜能。

- 与地球保持亲密关系，心怀敬畏，关爱大自然。

- 心怀怜悯，关爱贫困群体。

- 降低个人消费的总体水平——例如，少买衣服（多关注服装的功能性、耐用性和美观性，少关注转瞬即逝的潮流、时尚和季节性的风尚）。

- 改变消费模式，支持经久耐用、易于维护、节能环保、生产和使用过程中不会污染环境、兼具功能性和美观性的产品。

- 改变饮食模式，舍弃高度加工食品、肉食和糖，转而摄取更天然、更健康、更简单的食品。

- 减少个人生活中过度的混乱和复杂，将自己很少使用或者别人使用起来效率更高的东西（衣物、书籍、家具、家电、工具等）转送出去或转卖出去。

- 回收利用金属、玻璃和纸张，对于那些浪费不可再生资源的产品应尽量少消费。

- 培养个人动手能力，学会亲自打理日常事务（如基础的木工活、管道疏通、家电维修等），增强自立能力，减少对专业人士的依赖。

- 选择小规模、更有人情味的生活和工作环境，培养社区感，尽可能多地与人面对面接触，相互关心。

- 采用强调预防医疗手段、要求身体在心灵的配合下自行发挥疗愈能力的整体疗法。

- 改变通勤模式，选择公共交通、拼车、更小更省油的汽车、搬到工作场所附近、骑行和步行。

- 在最近几年，越来越多的人开始选择简化生活。经过 30 年的经济扩张和物质生活的丰富，对于许多人而言，20 世纪 90 年代是一个精简优化的时代。据 1991 年的一项调查结果以及杜安·艾尔金在《自求简朴》一书中的原话：

　　69% 的受访者表示他们希望"放慢节奏，过更悠闲的生活"；相比之下，只有 19% 的人表示他们想过"更刺激、节奏更快的生活"。

　　61% 的人认为"如今谋生需要太多精力，以至于很难找到时间享受生活"。

　　被问及生活重心时，89% 的人表示目前陪家人更重要。

　　只有 13% 的人认为紧跟时尚潮流非常重要，7% 的人认为有必要逛街购买象征社会地位的产品。

1997 年《今日美国》发表的一份民意调查表明，20 世纪 90 年代中期（1995 年），28% 的美国人表示他们在之前的 5 年里有意简化了自己的生活，结果导致收入减少；不过有 87% 的人则表示他们对这种变化非常满意。

我是如何简化生活的

简约潮流是我参与的极少数潮流之一。在成年后的大半时间里，我掉进了现代社会的陷阱，把自己的生活越过越复杂。有很多时候我以为自己需要某样东西，可实际上并不需要。之后在一年的时间里，我做了许多或大或小的改变，力求减少生活中不必要的复杂性。我之后会和你分享我自己的简化生活方案，也许可以作为参考，帮助你制订自己的计划，毕竟我的方案不可能每一项都适合你，甚至有些项目在你看来可能毫无可取之处。

移居至小镇

在大城市里住了将近 25 年之后，我决定搬到一座人口不足 2 万的小镇。我发现在这样的地方居住真的太安逸了，这里没有高速公路，堵车的情况亦绝少发生。我所需的一切都在几分钟车程内可以搞定，甚至只需驱车 5 分钟就能出城前往一望无际的乡野。仅仅是人口密度降低，周边环境的氛围一下子就变得惬意多了。

我知道，并不是每个人都有机会搬到小镇，也并不是每个人都喜欢这个选项。也许罹患焦虑症的你不得不在高速公路上开车或不得不天天面对堵车，如果是这样，我对你深表同情，并希望我其他的一些策略能对你有所助益。

缩小生活规模

目前，我居住在一套小公寓里，和曾经住的独立屋相比，它的面积自然是小多了。公寓空间有限，我无法买一大堆东西囤在家里。开始固然有点不适应，但后来我发现在小房子里住着太舒服了——不仅打扫屋子不到一个小时即可，而且维护的费用一下子就少了一大半。

放弃不需要的东西

决定搬到小公寓居住之前，我就意识到我之前拥有的许多东西必须舍弃。我希望我的生活能有一个全新的开始，因此我决定几乎放弃一切，包括大约 95% 的家具、衣物以及我积攒了 30 年的书。放弃这些我其实并不使用或并不需要的大量物品后，我收获了巨大的自由和快感。我放弃了与过去相关的大量旧物，给自己腾出了宽敞开阔的空间重新书写未来。

一般而言，如果你希望减少混乱，我建议你考虑处理闲置时间超过一年的一切物品。当然，有情感价值的物品除外。

过自己想要的生活

多年以来，我一直以为我每个星期必须看 20～25 位病人才能维持生活。这样庞大的工作量消耗了我太多太多的精力，乃至于占用了我的个人时间（25 位病人等于至少 50 个小时的工作量，因为事先准备工作、写邮件、打电话、处理保险账单等事项的时间也应算在内）。我没有足够的休闲娱乐的时间，随着时间的推移，我付出的代价越来越高。此外，我也几乎没有时间写作，虽然写作是我的最爱。

现在，我减少了工作时间，每个星期只在家里给 8 ～ 10 位病人做电话咨询，因此有大量的时间用来休闲娱乐和写作。我享受到了轻松惬意的生活，这种改变对我而言简直可以用翻天覆地来形容。

过自己真正想要的生活可能需要时间、冒险和努力，可能需要一两年重新接受培训或教育以开始新的职业。然后，你可能得熬一段时间才能摆脱入门级别，在这之前，这份新工作甚至可能让你入不敷出。不过，从我以及众多走过这条路的人的经历来看，你付出的时间、心血和转行努力最终都是值得的。

减少通勤

减少或消除通勤是简化生活最有效的手段之一。众所周知，每天在上下班高峰时期疲于奔命会给人平添诸多压力。搬到工作场所附近或选择在小镇居住可以减少通勤时间。如果你的通勤时间很长却又实在没有办法，至少可以尝试弹性工作时间（避免上下班高峰）或开一辆音响效果好、乘坐舒适的车。如今，将近 15% 的美国人都在家工作，这个比例还在不断上升。如果你打算从事在家就可开工的咨询工作或电脑相关工作，则有望加入他们的行列。

少看电视、少上网

你每天在电视机前坐多久？在我小的时候，电视只有三个频道，我要换频道必须从椅子上起身走到电视前手动操作。如今一般的美国家庭都有 2 ～ 3 台电视，每台电视平均有 40 ～ 60 个频道。这样仿佛还不够，6000 万之巨的美国家庭现在还有电脑，可以上网直连无数款成人游戏和儿童游戏，逛网络论坛聊数以千计的话题，访问数以百万计的网站。诚然，电视上的精彩节目难以尽数，网络亦是一个交流信息的绝佳利器。可我担心选择无穷无尽，增加了生活的复杂性，所有的这一切都需要人被动接受，要么旁观别人的喜怒哀乐，要么吸收信息。虽然面对屏幕可以暂时忘记焦虑，但我怀疑这样是否能使人与大自然、与他人或与自己重建更深层次的连接。如果焦虑源于过多的刺激以及多个层面上的"断开连接"，那么我认为这时也许应该减少面对屏幕的时间。就个人而言，我很少看电视，上网也比较有节制。我更愿意简约生活，多花时间亲近大自然、读好书或通过写作和音乐开发我的创造力。

比邻自然而居

　　焦虑往往与剥离感息息相关。不接地气、与自己的感受和肉体断开连接尤其容易引发人格解体①，继而伴随强烈的焦虑或恐慌。如果在字面意义上与大地断开连接（如开车、住在高楼上或乘坐飞机），这种剥离感会加重。如果你被大量的刺激因素所轰炸（例如在杂货店、超市或社交聚会上），以至于自我意识支离破碎、七零八落，剥离感同样也会加重。

　　在林间或公园散步是一种非常简单的疗愈之法，可以帮助你扭转"灵魂出窍"的感觉。亲近大自然——感受它的景色、声音、气味以及能量——可帮助你更轻松地与自己保持连接。如有可能，请尽量选择居住在这样的环境之中，以便持续地与大自然重新建立连

---

① 人格解体（depersonalization）是一种脱离或"不在"身体的感觉，也就是所谓的"灵魂出窍"。然而，有些人报告说他们与自己的身体有很深的疏离感，像是无法在镜中辨认自我、无法辨认自己的脸，或者只是简单地感觉自己与身体没有任何"联系"。

接，重拾许多现代文明似乎早已遗失的本真。

驯服电话

有些人认为只要电话一响，不管自己当时有没有时间、有没有心情，都"应该"马上接听，这种态度真让我愕然。无论电话那一头是债主、推销员还是存心找碴儿的亲戚，这些人就是觉得接电话几乎是一种神圣的义务。就个人而言，当我发现自己没必要电话一响就接时，生活一下子就变得简单惬意多了，内心也随之变得平静起来。做饭、写项目或冥想时，我不必再担心会被电话打断。我以前用答录机，但它会发出"咔嗒"声，和电话半斤八两。现在我用语音信箱，它勤勤恳恳地收集我所有的留言，不会发出任何声音吵到我。然后，我可以等闲下来时再一一回复。虽然有些读者可能认为我对来电者有失礼之嫌，但我更愿意在有心情的时候给他们回电，以便心无旁骛、全神贯注地与他们交流。

将家务杂活外包出去

如果钱不是问题，你会把多少家务杂活外包出去？就个人而言，我一直都在简化我的生活，将包括家庭保洁、打字、记账、报税在内的绝大多数杂务通通外包。即便只外包一项你不想做的杂务也能提升幸福感，毕竟这使你的日常生活留出一块空白，让你得以喘息。如果钱是问题，有没有一些比较简单的杂务可以交给孩子，也许他们学会之后可以和你做得一样好？可不可以让其他家庭成员帮着煮饭、打扫院子或房间？

学会说"不"

对我而言，学会说"不"是一个大问题。多年来，朋友、家人和客户都非常依赖我，对他们我几乎可以做到随叫随到，对于自己数十年如一日的"助人为乐"精神我亦深以为豪。这样相互依赖的生活方式持续多年后，最终带给我的是心力交瘁和疲于奔命。目前，我已学会小心评估他人的每一个请求，无论予以回应是符合我自己还是符合对方的最高利益。毫无疑问，现在的生活变得简单多了，也轻松多了，因为我学会了根据自己的精力和能力设置边界。我认为，如果不透支自己，我可以全情投入帮助他人。

简化生活的方法还有许多种。例如，你可以减少收到的垃圾邮件数量，给一个名为"停发垃圾邮件"（Stop The Mail）的机构写信即可，他们的地址是 P.O. Box 9008, Farmingdale, NY 11735。你可以要求他们不要将你的个人信息出售给定期邮寄产品目录的公司，之后你的垃圾邮件有可能减少 75%。你还可以将多余的信用卡注销掉，只留一张就好，我就是这样做的。手边只留一张信用卡，电话购物或租车都非常方便。此外，减少信用卡的数量还可以省下许多月费和年费。

爱莲娜·詹姆斯在她 1994 年出版的图书《生活简单就是享受》中明确描述了大约 100 种简化生活的方法。作者针对工作、人际关系、财务、健康、家庭和休闲娱乐等领域提供了广泛多样的简化生活策略。如果你真心想让自己的生活更简单、更轻松，这本书乃一剂良方，可以将你从马不停蹄、错综复杂的现代生活中解救出来。

好了，现在看你的了。请抽出一些时间好好考虑如何简化生活，下面的这份问卷可以帮助你思考，不妨参考一下。

"简化你的生活"问卷

1. 如果 1 至 10 代表从简约至复杂的程度，1 指的是高度简约，10 指的是高度复杂，你觉得自己目前的生活可以打多少分？

2. 在过去的一年里，你是否设法简化过自己的生活？如果是，你做了哪些改变？

3. 一般而言，你希望做什么样的改变来简化生活？

4. 明年你愿意做什么样的改变来简化生活？

5. 以下是一些简化生活的具体策略，之后的两个月里，你愿意尝试或实施以下哪几条？请勾选。

——清理家里的冗余物品

——搬到小房子里住

——移居至小镇

——移居至附近有购物设施的地段，以便能迅速完成所有的采购事务

——少买衣服，多关注功能性、耐用性和美观性，少关注转瞬即逝的潮流

——驾驶简单、省油的汽车

——少依赖电视

——少依赖外部娱乐设施（电影、戏剧、影院、音乐会、夜店等）

——减少杂志订阅甚至停止订阅

——取消产品目录递送服务

——设法减少垃圾邮件

——不再每通电话必接

——减少通勤（如有可能，走路或骑车上班）

——在家上班或在家附近上班

——告诉家人、朋友你不需要圣诞卡（或圣诞礼物等）

——度假时只带一只手提箱，衣物只带最基本的几件

——在家附近度假或在家度假

——减少消费，避免购买奢侈品或名牌产品；多选择经久耐用、易维护、对环境无污染的产品

——设法还清债务

——只留一张信用卡

——将银行账户合并

——将杂活外包出去（如整理院子、打扫房屋、报税等）

——简化饮食习惯，多摄取天然完整、未经精加工的食物

——减少购物频率，一次买多一点

——少喝饮料，多喝白开水

——带午饭上班

——学会说"不"

——不再改变他人

——不再取悦他人，做自己就好

——把自己其实并不需要的所有私人物品处理掉

——做自己真正喜欢的工作

这些简化措施有的很容易完成，有的可能需要一个长期的过程。你可能需要一两年才能把生活厘清，腾出空间做自己真正喜欢的工作。处理不需要的物品，将一年内不需要的东西放进上锁的壁橱或

置物箱。等到一年终了时，如果你发现自己一整年都没有惦记过它们，不妨直接处理掉。学会说"不"或停止取悦他人需要魄力，你可以通过课程、讲习班、心理咨询和书籍来增强自己的魄力。摆脱债务是一个长期的过程，杰罗德·蒙迪斯的书《如何摆脱、远离债务并过上富足的生活》也许可以帮到你，建议一读。

我希望这一章能给你一些启发，让你了解如何减少生活中的复杂性。简约生活对我个人的健康一直都非常重要，也许对你亦是如此。简化生活不仅能让你有更多时间和空间平复浮躁的内心，学会欣赏生命之美，还能帮助你将治疗焦虑症设为自己的第一要务。

参考文献和延伸阅读

杜安·艾尔金《自求简朴》（1993 年），纽约威廉姆·莫洛出版社。

杰罗德·蒙迪斯《如何摆脱、远离债务并过上富足的生活》（1990 年），纽约矮脚鸡图书公司。

爱莲娜·詹姆斯《生活简单就是享受》（1994 年），纽约亥伯龙出版公司。

第 *3* 章

替代疗法

在最近几年，越来越多的焦虑症患者开始寻求多种多样的替代疗法，即绝大多数心理专业人士提供的认知行为疗法和药物疗法这两种主流疗法之外的疗法。人们渴望探索替代疗法反映了心理健康领域和药物领域的一个普遍趋势，近年来的调研结果显示，为解决形形色色的医疗健康问题，美国40%的成年人寻求替代疗法保健医师的援助，虽然往往要自费。

人们转向替代疗法的原因五花八门。对于罹患焦虑症的人来说，传统疗法的差强人意——尤其是药物疗法的副作用——往往会迫使他们探索草药、针灸、瑜伽或按摩等疗法。有些患者可能害怕自己会对药物形成依赖，因此希望先尝试自然疗法。此外，还有许多患者认为，康复应该靠自己，而不是依赖漫天要价、有时缺乏足够的同情心或者不了解客户需求的心理医生，而且健康医疗计划并未适当覆盖心理治疗。许多患者似乎认为，自己的健康和幸福应该由自己负责，只在有急病或重病的时候才需要医生。

替代疗法的效果到底怎么样？它们能帮助患者战胜焦虑症吗？在大约50%的病例中，有些替代疗法，例如，某些草药和针灸疗法，似乎能直接减少焦虑症状或伴随焦虑症的抑郁症状，而且效果显著。不过从我的临床经验来看，这类疗法对轻中度焦虑症和／或抑郁症患者最有效。"轻中度"意味着你的症状只是一种小麻烦，很可能只是一种不便，也许只会让你产生某种程度的不适。不过，它们不会让你"瘫痪",不会妨碍你工作、打理日常生活事务或者经营相对满意的婚姻或感情。它们也不会让你生不如死,在醒着的大半时间里深陷于恐惧或崩溃之中。如果焦虑症影响到你正常的运转功能（无论是以恐慌症、恐惧症还是强迫症的形式），差不多可以说你的焦虑症处于中重度。到了这个程度,采用替代疗法可能有助于缓解焦虑,但最好还是采取认知行为疗法和药物疗法相结合的治疗手段。

替代疗法的主要价值在于它们能改善人的整体健康。这类方法可以让你的心情在整体上好转,而不是缓解某个特定的问题,例如,恐慌发作、强迫性思维或害怕开车离家到很远的地方。因此,它们虽然可以缓解焦虑症状,却是间接的。如果你的心情全面好转了,当然也就不大容易产生焦虑或抑郁症状。与此同时,你也不大可能受到偏头痛、溃疡、腰痛、失眠或易怒等任何其他压力相关症状的困扰。健康涉及人类整体存在的多个层级。如果你在整体上更健康了,你就不大可能心怀阴暗负面、容易引发焦虑的可怕念头。你也不大容易产生引发焦虑的肢体紧张和呼吸困难等症状。这个时候,你的大脑神经递质甚至有可能进入一个更平衡的状态,使你的情绪得以提振。总的来说,你会更自信,对自己以及自己的生活更满意。替代疗法可帮助你的心情实现从内到外的好转,因此它们往往也叫"整体疗法"。综上所述,它们对治疗焦虑症、抑郁症以及伴随这类疾病的所有其他症状肯定是有好处的。

这一章旨在探讨目前广受焦虑症（或抑郁症）患者欢迎的一些替代疗法。这类疗法五花八门,但可以分为两大类:

- **草药和补充剂**——这类疗法有助于恢复和保持人体神经递

质、激素、酶或营养素的生化平衡。卡瓦醉椒或缬草等草药可直接缓解焦虑，另外一些类似S-腺苷甲硫氨酸（SAM-e）、色氨酸或DL-苯丙氨酸的补充剂则有助于缓解抑郁。还有一些其他的补充剂（尤其是维生素B和C）甚至可以通过增强你抵御压力的能力来改善你的整体健康。

- **能量平衡疗法**——这类疗法包括瑜伽、针灸、普通按摩和脊椎按摩，它们可以疏通郁结，让人体的关键能量或"生命力"重新流动起来，从而提升整体健康。这类疗法还能帮助人体深度放松，促进身心融合。

许多其他疗法虽然常常也被认为属于"替代疗法"，但不在本章的讨论范围之内。其中有两种疗法——冥想和灵性疗法——因地位尊崇，我在后面会另立两章单独探讨（参见第7章和第9章）。有些人认为运动健身也可称为"替代疗法"。然而，这只是人类生活再正常不过的一部分，只是最近50年来久坐不动的生活方式开始流行，影响甚至折磨了许多人，导致人类缺乏运动。我已在《焦虑症与恐惧症手册》中详细探讨了运动的好处。

这世上没有任何一种精确的公式可以计算出哪一种替代疗法会对你有用。在阅读本章的过程中，请倾听直觉的声音，让心来判断哪一种或哪一些特定的疗法值得一试。在探索这些疗法、寻找哪一种疗法最对症的过程中，试错很可能在所难免。

草药和补充剂

数千年以来，草药一直是医疗领域不可或缺的一部分。事实上，当今大约 25% 的处方药仍然基于草药，但制药企业对草药的兴趣不大，因为草药源于植物，无法获得专利，自然也无法由任何一家公司独家销售来获利。

草药疗法在欧洲一直都非常流行，最近在美国亦逐渐引发了公众的兴趣。许多药店现在都销售用于治疗从感冒到健忘等各种疾病的草药，种类繁多，不一而足。

草药的效果往往比处方药更缓慢、更温和。如果你习惯于像阿普唑仑这样起效迅速的猛药，使用像卡瓦醉椒或缬草这样效果温和的镇静类草药时，你需要多一点耐心。草药的主要优势在于它们起效自然，能与你的身体和谐统一，而不是像一些特定的猛药那样强迫你的身体出现特定的生化改变。草药和化学药物不一样，它们的副作用往往较小，甚至没有副作用。它们也不会引发成瘾问题，尽管你可能会在心理上依赖某种能让你持续受益的草药。

市面上的草药种类成千上万，本章仅介绍对抑郁症和 / 或焦虑症患者有益的几种。我会在后面的"令人放松的草药"一节探讨一些有助于缓解焦虑情绪的草药，然后在"其他有效的草药"一节介绍几种其他的草药。

除草药之外，还有其他许多补充剂也非常有用。例如，天然的抗抑郁剂 S- 腺苷甲硫氨酸（SAM-e），对许多人而言，其效用与百忧解等 SSRI 类抗抑郁药不相上下，而且几天之内（而不是几周之内）就能起效，副作用极少甚至没有。多年以来，人们一直在使用 5- 羟色氨酸、DL- 苯丙氨酸等氨基酸治疗轻中度抑郁症。色氨酸缺席 10 年后，如今通过处方药的方式开始重出江湖，这种补充剂能迅速缓解焦虑和失眠。腺体提取物和脱氢表雄酮（DHEA）可以帮助许多肾上腺或其他腺体功能不全的患者恢复活力，重拾朝气。最后要谈到的是传统维生素补充剂，尤其是复合维生素 B 和维生素 C；它们对于支持神经系统、提升抗压能力非常有效。我的许多客户都因为这些补充剂受益，我希望大家也能亲自尝试一番。

令人放松的草药

▶ 卡瓦醉椒

卡瓦醉椒是最近几年在美国甚为流行的一种纯天然镇静剂。我有一些客户可以证明，它的放松效果和阿普唑仑一样强大。卡瓦醉椒属于胡椒科，原产于南太平洋。波利尼西亚人在部落仪式中使用这种植物的历史已有数百年之久，与此同时，它也是一种社交润滑剂，有助于缓解人们的紧张情绪。少量服用这种草药有助于提升幸福感，但大剂量使用则有可能导致嗜睡、昏睡以及肌肉松弛。

在德国、瑞士等欧洲国家，卡瓦醉椒已获准用于治疗失眠和焦虑症。卡瓦醉椒似乎可以减缓大脑边缘系统中的活动，尤其是杏仁核中的活动，而杏仁核正是与焦虑症相关的大脑中枢。目前，卡瓦醉椒确切的神经心理效果尚不得而知。

卡瓦醉椒优于阿普唑仑、氯硝西泮等镇静剂的主要原因在于它不会导致成瘾性，也不会像某些镇静剂那样有可能影响记忆力或加重抑郁情绪。迄今为止，绝大多数来自欧洲的研究结果显示，卡瓦醉椒能有效治疗轻中度焦虑症（不包括恐慌发作）、失眠、头痛、肌肉紧张、胃肠痉挛甚至尿路感染。

购买卡瓦醉椒时，建议购买它的标准化提取物，其中含有特定比例的活性成分卡瓦内酯——卡瓦内酯的比例从30%至70%不等。将每粒胶囊或每粒药丸的毫克重量乘以卡瓦内酯的比例，就可以得出卡瓦内酯的实际剂量。例如，在一粒200毫克的胶囊中，如果卡瓦内酯的比例为70%，其实际剂量应该为140毫克。

在保健食品店中，绝大多数的卡瓦醉椒补充剂每粒胶囊都含有50~70毫克卡瓦内酯。欧洲的研究结果表示，这样的胶囊每日服用3~4粒可以起到和镇静剂一样的效果。

目前，每日服用卡瓦醉椒的长期效果不太明朗，我们几乎没有这方面的硬数据。在波利尼西亚群岛，居民长期每日摄取大剂量的卡瓦醉椒，有时会出现皮肤色素减退的问题；有时甚至会升级为剥脱性皮炎，直到停用卡瓦醉椒才会有所缓和。如果你发现任何此类反应，请立即停服卡瓦醉椒，在咨询自然疗法医师或经验丰富的医师之前，请勿重新服用。目前，我建议可以每日服用卡瓦醉椒，但不宜连续服用6个月以上。不过，如果能断断续续服用的话，也许可以无限期地服用下去。

总的来说，我不建议将卡瓦醉椒与阿普唑仑、氯硝西泮等镇静剂结合服用。虽然这样的组合并不危险，但有可能导致类似于酒醉的症状甚至迷惑混乱。如果你服用的阿普唑仑或氯硝西泮为中高剂量（每日大于 1.5 毫克），请不要服用卡瓦醉椒。

如果你有帕金森症或处于怀孕哺乳期，也不宜服用卡瓦醉椒。开车或操作机器之前，亦务必慎服。如需了解有关卡瓦醉椒的更多详情，我建议阅读海拉·凯斯和泰伦斯·迈克耐利合著的《卡瓦醉椒：缓解压力、焦虑和失眠的天然灵药》。

▶ 缬草

缬草是一种在欧洲广泛使用的草药型镇静剂，最近几年已开始在美国流行开来（事实上，这是一种回归风潮，因为早在 20 世纪初这种草药在美国就已经是一种常用药）。临床研究——大多为欧洲的研究——已发现缬草在缓解轻中度焦虑症和失眠症方面与镇静剂一样有效，而且几乎没有副作用，不会导致成瘾性。此外，缬草也不像处方镇静剂那样会影响记忆力和注意力或导致嗜睡和困倦（根据我个人的印象，缬草虽然有效，但镇静效果不如阿普唑仑、氯硝西泮等镇静剂）。

任何一家保健食品店都会出售三种类型的缬草：缬草胶囊、缬草提取液或缬草茶。如果要治疗焦虑或失眠，不妨按照药瓶或药盒上的说明，尝试服用每一种类型，看看哪一种对你最有效。一般而言，你可能会发现有的缬草产品添加了其他令人放松的草药成分，例如，西番莲花、黄芩、蛇麻草或洋甘菊，这样的复合型缬草产品也许口感更好，而且更有效，所以不妨一试。

治疗焦虑或失眠时，建议服用缬草一周左右，以便让草药发挥全部功效。如果不能立即看到效果，不妨多服用一段时间看看。一般而言，我不推荐连续每日服用缬草超过 6 个月。不过，如果每周只服用两三次的话，就可以无限期地服用下去了。

欧洲的长期临床结果显示，缬草是一种非常安全的草药。不过，偶尔还是有零星的报告声称起到了"适得其反"的效果，患者的焦虑、不安或因过敏导致的心悸反而会加重。服用缬草或任何其他草药如有这类反应，请立即停服。

▶ 圣约翰草

圣约翰草（或金丝桃）的用药史相当长。2000 多年以前，希波克拉底就说过这种草药可以缓解焦虑。目前在美国和欧洲，圣约翰草已广泛用于缓解轻中度抑郁症和焦虑症的症状。在德国，它甚至比百忧解还受欢迎，占据了超过 50% 的抗抑郁药市场份额。仅凭这样的数据，就足以证明它的药效。

金丝桃可以直接缓解抑郁，似乎还能顺带着减轻焦虑。欧洲的研究报告发现，它的抗焦虑效果与镇静剂旗鼓相当，尽管这种发现在美国尚未得到证实。研究人员还发现金丝桃可以提升 5- 羟色胺、去甲肾上腺素和多巴胺的水平并找到了相关证据，而这三种神经递质正是与焦虑症相关的所有神经递质。这样来看，金丝桃似乎优于 SSRI 类抗抑郁药，因为后者只能提升 5- 羟色胺的水平。

保健食品店和许多药店都有金丝桃，不过在这些地方它一般叫作圣约翰草。请务必购买含 0.3% 金丝桃素（活性成分）、规格标准的品牌。标准剂量为每天服用 3 粒 300 毫克胶囊。

一开始服用时，你可能需要每天服用 2 粒胶囊以适应这种草药，然后再将剂量提升至 3 粒。如果发现金丝桃素导致胃部不适，请随餐服用。根据一些研究发现，每天服用双倍剂量（1800 毫克）会非常有效，但我认为在没有专业医师监督的情况下，每天的剂量最好不要超过 900 毫克。

请务必记住，金丝桃需要服用 4~6 周才能发挥疗效。如果在最开始的 2~3 周没看到任何效果，不要因为气馁就随便停药；你需要至少坚持一个月。

纵观几百年的用药史，金丝桃的记录都极其安全。不过有的患者可能会出现光敏症，即肌肤对日光格外敏感。如果你服用金丝桃而且需要频繁直接接触日光，也许得尽量减少日晒，或使用 SPF 30+ 的防晒霜加以防护。其他零星出现的副作用包括肠胃不适、眩晕、口干和轻微过敏。这类副作用的报告非常少见，而且一般来说，金丝桃的副作用少于 SSRI 类抗抑郁药，尤其远少于三环类抗抑郁药。

如果你正在服用 SSRI 类或三环类抗抑郁药，但希望改服金丝桃，则最好在服用草药之前完全停服处方药。总之，未经医师许可，请不要同时服用 SSRI 类抗抑郁药和金丝桃。

据我所知，将金丝桃和卡瓦醉椒、缬草等令人放松的草药结合起来服用是没有问题的。而且，我也没听说将金丝桃与阿普唑仑、氯硝西泮等镇静剂结合服用会产生任何问题。不过，如果你服用苯乙肼、反苯环丙胺等 MAO 抑制剂类型的抗抑郁药，请不要服用金丝桃。

金丝桃对轻中度抑郁症也许会很有效，服用 4~6 周后，它可能也可以有效缓解轻中度焦虑症；不过它对恐慌发作、强迫症或创伤后应激障碍很可能作用不大。如果你的焦虑症比较严重，而且采用认知行为疗法和其他自然疗法不尽如人意，我建议你咨询专业精神科医师，也许可以考虑尝试 SSRI 类抗抑郁药物。

如需了解有关金丝桃的更多详情，我建议阅读哈罗德·布鲁姆菲尔德的《金丝桃与抑郁症》。

其他有效的草药

▶ 西番莲

西番莲是公认的天然镇静剂，和缬草一样神奇有效。大剂量服用往往可以治疗失眠，也有助于缓解神经紧张，放松肌肉。保健食品店销售的西番莲通常为胶囊或提取液两种形式，这种药物有时会添加缬草或其他令人放松的草药，请遵循药瓶或药盒上的说明服用。

▶ 积雪草

积雪草在印度已流行了数千年之久。它能适度缓解神经衰弱，帮助衰弱的神经系统恢复活力。研究人员还发现，它亦能促进血液循环、增强记忆力、加速产后恢复。绝大多数的保健食品店都销售积雪草胶囊或提取液。我本人目前正在服用积雪草，它对我十分有帮助。

▶ 银杏果

银杏果源于银杏树，它可以通过改善注意力和头脑的清醒度，间接缓解焦虑情绪。此外，它还能提高向大脑输送血液、氧气和养分的能力。有研究结果表明，银杏果可以增强老年人的心智能力，有效治疗耳鸣。这种补充剂有 60 毫克的片剂，我建议每日服用 1~3 粒的 60 毫克片剂。如果你定期服用阿司匹林，请慎服银杏果补充剂，因为两者结合服用有可能影响凝血功能。

注意：如服用上述任何一种草药补充剂，切勿超过建议剂量。如需了解草药的具体详情，请阅读本章参考文献中哈罗德·布鲁姆菲尔德、迈克尔·提拉或厄尔·明德尔的著作，亦可咨询精通草药的整体疗法医师或自然疗法医师。

S- 腺苷甲硫氨酸

S- 腺苷甲硫氨酸（英文缩写为"SAM-e"，读音类似"Sammy"）和上述的草药都不一样，它是一种人体自然生成的物质。SAM-e 在欧洲已广泛使用了十多年，直到 1999 年才第一次进入美国。欧洲的广泛研究表明，SAM-e 治疗抑郁症的效果和 SSRI 类处方型抗抑郁药不相上下。在意大利医师开的抗抑郁药中，SAM-e 所占的比例事实上已超过了百忧解。我在临床工作中也发现 SAM-e 相当有效。

SAM-e 似乎可以提升大脑中 5- 羟色胺和多巴胺的活动水平。虽然健康的人可以自然生成足够的 SAM-e，但研究人员发现抑郁症患者的这两种神经递质水平往往偏低。

SAM-e 的一大优势在于它几乎没有副作用。由于它是由人体自然生成的，所以很少有不良反应。有的患者表示刚开始服用会恶心、反胃，但这种情况一般几天后便自行消失。SAM-e 的起效速度还相当快，开始服用后往往几天内就能见效，在这方面明显优于处方类抗抑郁药和圣约翰草。

除了治疗抑郁症，SAM-e 对缓解骨关节炎和纤维肌痛也非常有效。它似乎能促进软骨再生，恢复和维持骨关节功能的健康。此外，SAM-e 还具有强大的抗氧化功能，人体可借助它合成一种保护细胞免受自由基侵害的关键抗氧化剂——谷胱甘肽。最后，它还具有护肝功能,能协助肝脏解毒,抵抗酒精、药物等物质和环境毒素的伤害。

在本书编撰之时,使用 SAM-e 治疗焦虑症的信息仍然有限。根据目前的研究评估结果,它的药效和抗抑郁药相差无几。如果 SAM-e 的功能完全类似于 SSRI 类药物,那我觉得它既然能抗抑郁,抗焦虑应该也不成问题。

绝大多数保健食品店和药店都销售 200 毫克片剂的 SAM-e,治疗抑郁症的推荐剂量是每天 800~1200 毫克。由于它可能会使某些人恶心和肠胃不适,所以开始时建议每天服用两次,每次 200 毫克即可。过了 5 天之后再增加剂量,每天服用 4 次,每次 200 毫克。如果服用这种药主要是为了治疗关节炎或纤维肌痛,每天服用 800 毫克很可能就足够了。

双相障碍症(躁郁症)患者服用 SAM-e 必须有经验丰富的医师监督,因为这种药可能加重狂躁情绪。

如需了解有关 SAM-e 的更多详情,请阅读理查德·布朗博士的《从现在开始不再抑郁:S- 腺苷甲硫氨酸》。

氨基酸

氨基酸是天然的蛋白质成分。多年以来,它们一直用于治疗焦虑症和情绪障碍症。某些氨基酸的效果完全可以媲美处方类抗抑郁药,因为它们能提升大脑中特定神经递质的水平。虽然氨基酸也许没有处方药那样见效迅速,但它们有一个非常大的优势,那就是副作用少。如需拓展氨基酸的相关知识,建议咨询专业保健医师或阅读普莉希拉·斯莱格尔的《走出低谷》。

▶ 色氨酸

色氨酸是 5- 羟色胺的化学前体。服用色氨酸补充剂有助于提升大脑的 5- 羟色胺水平，因此其作用原理和百忧解、SSRI 类抗抑郁药非常相似。然而，色氨酸进入大脑后可以直接转化为 5- 羟色胺，从而自然提升 5- 羟色胺的水平。而 SSRI 类药物之所以能提升 5- 羟色胺水平，是因为它们能阻断神经突触上的 5- 羟色胺再摄取泵。色氨酸有两种形式——5- 羟色氨酸（简称 5-HT）和左旋色氨酸。这两种色氨酸都可以提升 5- 羟色胺水平，缓解焦虑症和抑郁症。然而，左旋色氨酸的镇静效果更强一些，所以可以用来促进睡眠。左旋色氨酸在消失 7 年后最近又重新进入美国；1989 年，有一批被污染的左旋色氨酸导致了一种严重的疾病——嗜酸粒细胞增多症，因此食品药品管理局禁止了这种药的非处方销售。如今市面上的左旋色氨酸安全且有益，不过据我所知，现在这种药只能通过开处方获得。5- 羟色氨酸在本书编撰之时属于非处方药，在保健食品店即可直接购买。如果你想服用色氨酸，请咨询自然疗法医师或整体疗法医师。

左旋色氨酸的推荐剂量是每天 500~2000 毫克；500 毫克用于缓解轻微焦虑情绪，而 1000~2000 毫克则用于稳定情绪。5- 羟色氨酸的推荐剂量是每天 100~500 毫克。如需增强左旋色氨酸的药效，建议结合摄取富含碳水的小食、维生素 B_6（50 毫克）以及牛磺酸（500 毫克）。服用左旋色氨酸时应避免高蛋白质食物，因为这会导致其他的氨基酸与左旋色氨酸相互竞争抢着进入大脑。

▶ γ - 氨基丁酸

γ - 氨基丁酸（简称 GABA）其实是一种神经递质，用于抑制大脑中过多的神经传递活动。GABA 补充剂是一种强有力的镇静剂，只是在服用后仅有一小部分能真正进入大脑。许多人表示他们服用了 300~1000 毫克的 GABA 后，产生的缓解效果相当轻微。保健食品店的许多产品都包含 GABA，有的是单独的 GABA 补充剂，有的则是结合了放松类草药的 GABA 补充剂。GABA 补充剂建议空腹服用，或与富含碳水的小食同服。

▶ DL- 苯丙氨酸和酪氨酸

DL- 苯丙氨酸（简称 DLPA）和酪氨酸是神经递质去甲肾上腺素的化学前体，可以用于治疗抑郁症。因此，它们的起效原理有点像丙咪嗪、地昔帕明或去甲替林三环类抗抑郁药。它们的药效没有处方类抗抑郁药那么强大，但好在几乎没有副作用。推荐剂量为每天 1000~3000 毫克。一般来说，开始服用时每天 500 毫克为宜，一周之后再逐渐加量。建议先尝试 DL- 苯丙氨酸，如果没有副作用，再尝试酪氨酸。如果你有苯丙酮尿症（一种不能摄取苯丙氨酸的疾病）、正在服用苯乙肼或反苯环丙胺等 MAO 抑制剂药物或者已怀孕，请不要服用 DL- 苯丙氨酸或酪氨酸。如果你有高血压，服用这类氨基酸必须有专业医师监督（如需了解更多详情，请参阅普莉希拉·斯莱格尔的《走出低谷》）。

▶ 腺体提取物

腺体提取物是各种各样的动物腺体的浓缩剂，常用于改善某些内分泌腺的健康。例如，有些人由于极端压力或长期压力，肾上腺活动受到抑制或处于衰竭状态，这时服用原始肾上腺提取物可以帮助肾上腺恢复最佳功能状态。我的许多客户发现腺体提取物非常有帮助。肾上腺衰竭的症状包括：1）坐着或躺着起来后头晕目眩；2）抗压能力低；3）经常疲倦或死气沉沉；4）极易过敏；5）血糖过低。其他腺体提取物也许有助于改善甲状腺、脑垂体、胸腺或生殖腺的功能。如需服用腺体提取物，建议最好在营养医师或自然疗法医师的监督下进行。

▶ 激素

如今，保健食品店提供多种激素补充剂，可以用于治疗激素缺乏症。最近这方面最受欢迎的两种补充剂是褪黑素和脱氢表雄酮（简称 DHEA）。

褪黑素是一种在夜间由松果体分泌的激素，它负责向大脑发送信息，告诉你该睡觉了。许多失眠患者服用了 3 毫克剂量的褪黑素补充剂后睡眠都大有改善，不过有的患者表示褪黑素对他们无效，或者早上醒来眩晕无力。

脱氢表雄酮是肾上腺皮质分泌的一种激素，可以用于合成人体的几种其他激素，包括雌性激素和睾酮。许多人表示服用脱氢表雄酮几周后精力更充沛、幸福感更浓、抗压能力更强、心情更好、睡眠质量更高。我本人也发现脱氢表雄酮很有帮助。这种补充剂的标准剂量是每天 25~50 毫克，切勿大剂量服用。有些医师认为，剂量过高可能会抑制人体自然分泌脱氢表雄酮的能力。

▶ 维生素

人体每时每刻都在发生代谢反应，维生素在调控成千上万种这类反应中扮演着重要角色。不过在过去的 20 年里，是否有必要服用维生素补充剂一直存在争议，毕竟我们每天都会从食物中自然摄取维生素。许多营养学家都提倡补充剂，但即便是他们也很难在什么是合适的剂量这个问题上达成一致。我在这里的观点反映的是我本人以及我的诸多客户的切身体验。

50 年前，美国食品营养委员会设置了一个"每日标准摄取量"（Recommended Daily Allowance，简称 RDA）的概念，以作为健康人需要摄取的维生素标准剂量。这个剂量指的是预防脚气、佝偻病、坏血症和夜盲症等疾病所需的最小剂量，美国食品营养委员会并未指定实现最佳健康状态所需的最优剂量。不过时至今日，许多医师都认为没必要服用各种各样的维生素补充剂，只需服用一粒将维生素 A、维生素 B 族、维生素 C 和维生素 E 的每日标准摄取量全包括在内的复合维生素即可。

这样的建议低估了普通人的营养补充需求，具体有几个原因。第一，美国绝大多数人的标准饮食在很大程度上都是缺乏或缺失维生素的加工食品，很少有人能像我们的曾祖辈那样吃到农场自产、营养丰富的食物。第二，即便有人吃得到新鲜的全麦食物、水果和蔬菜，可能也摄取不到足够的矿物质。这是因为全国各地的土壤耕种了上百年，其中的矿物质差不多已耗尽。第三，现代人往往面临人体正常储存的维生素迅速流失的问题。举例来说，人有压力时体内的维生素 B、C 和钙镁往往会大量流失。抽烟酗酒也会导致某些维生素 B 流失。如果你生活在受到污染的环境中，你的身体可能就需要更多的维生素 C、E 等抗氧化类维生素和硒。孕妇、老年人、身体机能退化性疾病（如动脉硬化、关节炎或骨质疏松症）患者以及其他情况的特殊人群亦需要摄取高剂量的维生素。

基于以上这些特殊原因，我觉得大家摄取的补充剂剂量应该比"每日标准摄取量"更高一些。有些营养学家还提出了"每日最优摄取量"（Optimal Daily Allowance，简称 ODA）的概念。

以下是针对焦虑症以及与高压力相关的任何症状或疾病的维生素补充剂推荐剂量。

1. B 族维生素：每日 50~100 毫克。B 族维生素有助于维持神经系统的正常功能。一枚 B 族维生素补充剂包括所有的 11 种维生素 B，每日服用 50~100 毫克可以增强你的抗压能力。

2. 维生素 C（最好添加生物类黄酮）：每日 2000~4000 毫克。维生素 C 能提高免疫力，帮助人体在感染、疾病或受伤后迅速自愈。此外，它对与抗压能力密切相关的肾上腺也至关重要。

3. 钙镁：每日 1000~1500 毫克钙/500~1000 毫克镁（最好为螯合补充剂）。钙与神经传导过程密切相关；缺钙会导致神经细胞过度活跃，而这种情况正是引发焦虑的潜在根源之一。镁对神经活动和肌肉活动也至关重要，包含镁的补充剂有助于治疗抑郁、眩晕、心律失常、肌无力和经前综合征。如摄取以上建议剂量，钙镁补充剂就能起到天然镇静剂的作用。建议将这两种补充剂搭配服用，因为它们能相辅相成，相互平衡。

4. 锌：每日 30 毫克。锌对神经系统有镇静作用，此外也有助于促进免疫系统和生殖系统的健康。

5. 铬：每日 200 微克。铬是重要的血糖调节剂，它对低血糖症尤其重要，因为它有助于稳定血糖水平。

6. 铁：如果你有铁缺乏症，请遵循医生建议的剂量。在某些情况下，铁缺乏症有可能是引发恐慌的重要因素。

服用维生素补充剂时，请遵循以下原则：

- 请务必随餐服用维生素。进食时分泌的消化酶有助于维生素的消化。
- B族维生素或维生素C建议一日分2~3次服用，而不是一次服用大剂量。人体只会在特定的时间吸收大量维生素，吸收不完的会自动排出体外。
- 维生素胶囊优于片剂，因为胶囊吸收更快。
- 建议在保健食品店购买维生素补充剂，因为正规渠道的补充剂一般不会包含可能导致某些人产生过敏或消化问题的劣质填充剂或黏合剂。

能量平衡疗法

能量平衡的理念在医疗体系中自有其基础，而且在远东已沿袭了数千年之久。所有的这些医疗体系都假定人体内有一股神秘微妙、无影无形的能量在循环流动。传统的中医学称这股能量为"气"，东印度医学（阿育吠陀）称其为"普拉那"[①]，而日本传统医学则称其为"気"。在英语中，用"life force"或"vital energy"[②]来描述这股能量也许最为恰当。人在健康的时候和感冒的时候所感受到

----

① prana，意为"能量"或"生命素"。
② 分别意为"生命力"和"生命能量"。

的能量是不一样的，这种差异也许可以体现能量的波动。

传统中医认为，这种微妙的能量在体内沿着一种名为"经络"的渠道四处流动。而在印度医学中，这种看不见的渠道以及能量所聚集的中心分别被称为"纳迪"[①]和"查克拉斯"[②]。

所有能量平衡疗法最重要的功能之一在于它可以疏通经脉，协调和优化能量的"流动"。能量堵塞可能导致紧张、压力乃至于疾病。事实上，中国医学和东印度医学都认为，所有疾病归根结底都是因为各种各样、不同程度的堵塞导致能量无法流动。像瑜伽或太极这样的能量平衡疗法其常规功法都是疏通经脉，让生命能量得以自然流动。针灸疗法尤其信奉这一理念，形形色色的常规按摩疗法和脊椎按摩疗法同样也奉这种理念为圭臬。

这股无影无形的"能量体"（有时也称为"细微身"）是东方医学的核心之所在，你可能已经猜到了，它与我们的肉身密切相关（东方医学认为，它能为肉身提供能量系统或"模板"）。从严格的物理层面上来说，能量平衡疗法有助于缓解肌肉紧张，为人体组织和大脑注入更多氧气，促进动脉血液循环，改善肾脏和结肠的排毒或排泄功能，刺激人体分泌激素和神经递质。

然而，能量平衡疗法的主要目的在于促进身心的融合——你的整个存在在精神、心理、情感和生理方面能够相互依赖和平衡，达到一种和谐融洽的状态。"整体融合"意味着健康。一旦你整个人能够和谐统一地发挥各个机能，你就能感受到自身存在的圆满，从而收获真正的健康。等到你失去了自身存在的整体感，你与自我便

[①]　梵语 nadi，意为"经脉"。
[②]　梵语 chakras，意为"脉轮"。

会失调，种种压力和包括焦虑在内的"疾病"自会接踵而来。

下面介绍的每一种能量平衡方式都提供了一种实现整体融合的路径。其中的任何一种方法都能帮助你找到内心的平静，摆脱恐惧，收获健康和幸福。

瑜伽

"瑜伽"这个词意味着"结合"或"融合"。从定义上来看，瑜伽指的是促进头脑、身体和心灵的融合。

尽管西方人往往认为瑜伽就是一系列的伸展动作，但瑜伽其实蕴含深刻的人生哲学和精密复杂的自我蜕变体系。这个体系包括道德戒律、素食、大家耳熟能详的伸展动作或姿势、调控呼吸的特定练习、注意力练习和深度冥想。瑜伽源于公元前2世纪的哲学大师帕坦伽利，如今在世界各地仍然方兴未艾。

瑜伽姿势本身提供了一种强身健体、增强柔韧性、放松身心的有效途径。你可以一个人练瑜伽，也可以和一群人一起练。许多人包括我在内都认为，瑜伽在定心凝神的同时还能给人注入生命力和活力。也许瑜伽相当于认知行为疗法的渐进式肌肉放松法，因为后者也需要身体绷紧成某种弯曲的姿势，然后保持片刻再放松。瑜伽和渐进式肌肉放松法都旨在放松身体。不过我个人认为在释放堵塞的能量这方面，瑜伽比渐进式肌肉放松法更有效。它似乎能使能量沿着脊柱上下流动，然后流遍全身，渐进式肌肉放松法就没有这个效果。和高强度运动一样，瑜伽也能直接促进身心的融合。不过，瑜伽在很多方面的针对性更强。每一种瑜伽姿势都反映出一种精神状态，例如，前弯姿势反映的是屈服，后弯姿势反映的是坚定意志。重点练习特定的瑜伽姿势和动作也许可以帮助你培养特定的优良品质，摒弃有限制性的负面人格模式。瑜伽有一个完整的学科，名为"瑜伽疗法"，指的就是运用瑜伽作为方法指导来解决和纠正性格问题。

如果你有兴趣学习瑜伽，最佳的入门途径莫过于本地健身俱乐部或社区大学的瑜伽班。如果当地没有这样的学习班，也可以在家跟着瑜伽录像练习。风靡全国的杂志《瑜伽日志》提供许多非常棒的瑜伽录像，理查德·希特曼的《瑜伽健身》、艾扬格的《瑜伽之光》等瑜伽书籍也值得一看，也许对你练瑜伽大有帮助。

太极

太极是一种古老的健身运动形式，旨在促进身心的融合，据说源于13世纪的一位中国道士，当时他观看蛇鹤相斗深受启发，于是便创立了太极。鹤攻击蛇的时候，蛇轻身闪过，以静制动，鹤始终无法击中蛇。看到这一幕之后，道士创制出了十三式。之后太极十三式流传了数百年，不断发扬光大。到了今天，中国练太极的人有成千上万，而且这种功夫也在世界各地流行开来。

用最恰当的话来说，太极其实是一种动态冥想。它包含一系列缓慢优雅、行云流水般的动作。这些动作在强身健体的同时，还能促进"气"或生命力的顺畅流动。学习太极的弟子们表示，这种功夫教他们懂得了行云流水的优雅——这种品质亦可延伸至人的生活方式，从而让人受益终身。太极的招式非常缓慢，它教会了你在身心上放慢速度。和冥想一样，它也可以帮助你到达宁静、通透和专注的境界。不过有一点它和冥想不一样，那就是它能让你在一招一式中发挥出镇定自若、凝神静气的气度。

和瑜伽一样，太极也能帮助你疏通阻滞，让生命能量得以自然流动，给身体带来诸多好处，例如，打开关节（尤其是膝盖）、强健脊柱和后腰、按摩内脏等。由于练太极需要活动全身，全神贯注，因此这是一种极其实用且有效地促进身心融合的方法。

有的健身俱乐部和武术学校提供太极课（尽管人们一般不会用太极来自卫）。如果当地没有这样的课程，你可以跟着一些非常实用的录像来学习太极的基本招式。太极可以促进"气"的自然流动，所以有时也可作为针灸疗法的辅助治疗手段。

针灸

针灸是一种治疗方法，源于3000多年前的中国，目前已风靡全球绝大多数发达国家。和太极一样，针灸也基于一个同样的假设，即健康取决于气血（主宰所有生物的关键能量或微妙能量）自由顺畅地流动。气血沿着人体内名为"经络"的渠道源源不断地流动，每一条经络都对应人体的某个特定器官。当能量的流动没有受到限制，也没有过度流动时，人就会非常健康。如果能量的流动在任何一个方向失去平衡，生理和心理上的疾病症状或各种不适可能就会随之而来。例如，在针灸疗法看来，恐惧是因为肾经上的气血流动过少或过多，专门针对肾经以及其他相关经络、促进气血平衡的针灸疗法可以消除这种恐惧。

进行针灸治疗时，针灸师将针插入特定的人体穴位。绝大多数人（包括我在内）在整个治疗过程中只会感到一丁点刺痛，或者完全没有痛感。一般而言，针会在穴位上停留20~30秒，之后你就会觉得非常放松，有如新生。如果你有像偏头痛、过敏或背痛这样的小恙，往往需要反复治疗，每周两次，坚持几周即可。针灸亦可以用来治疗焦虑症，建议一周治疗一次或两次，一共需治疗几个月。针灸师往往会提供花草茶或药草胶囊，供你在家服用或饮用以增强疗效。我的许多客户都表示，这些中国草药对他们特别有效，他们在做完针灸治疗后还会继续服用。

有的人可能受不了针灸，这时也许可以选择穴位按摩。穴位按摩（以及类似的日式疗法"指压按摩"）的原理和针灸差不多，不过，这种疗法使用的是指压而不是针尖来促进经络上的气血流动和平衡。穴位按摩是一种比较简单的能量平衡疗法，价格也相对友好，许多按摩师都可以操作。事实上，你可以给自己做穴位按摩。市面上有一些自我穴位按摩的书籍，你也许可以参考学习。

脊椎按摩

绝大多数人都认为，脊椎按摩是一种医术，旨在缓解因压力或受伤而导致的背痛。不过从更基本的层面来说，脊椎按摩的目标是优化脊椎以及其他部位上的神经脉冲的流动，从而促进健康。由于脊椎会承受各种各样的压力，因此在压力过大时，人的脊椎可能移位。脊椎移位后，大脑与身体之间、脊柱和各个身体器官之间的神经脉冲流动就会受阻。如果通往某个特定器官的神经传递功能被削弱或被限制，这个器官很可能就会失调，引发从轻微不适到病痛的各种症状。脊椎移位可能是因为受伤，不过在绝大多数情况下都是因为压力。慢性紧张会导致肌肉紧张，然后紧绷的肌肉往往会将脊椎拉伸至脱节。即便通过运动或按摩可以放松紧绷的肌肉，脊椎也不可能轻而易举地恢复原位。因此，脊椎按摩师为了优化神经系统的功能，需要找出脊椎移位的部分然后加以纠正，以恢复人体全身上下的正常功能。

无论你的慢性紧张是否伴随疼痛，脊椎按摩都能有效缓解。偶尔做一下脊椎按摩，也许有助于提升整体健康。寻找本地持有资质的脊椎按摩师时，不妨请亲朋好友推荐。如果你不喜欢按摩师直接按压脊椎，可以找一些不徒手按压脊椎的脊椎按摩师，这种按摩有时也被称为"温和型脊椎按摩"。

按摩

保健按摩是一种有技巧性地按压肌肉和柔软的身体组织、以帮助身体深层放松的医术。专业的按摩理疗师往往需要接受500~1000小时的正式培训，学习解剖学、生理学以及包括瑞典式按摩、深层组织按摩、中式足底经络按摩、穴位按摩和日式指压按摩在内的各种各样的推拿按摩手法。

每周按摩一个小时（甚至每个月两次）有助于缓解长期压力导致的慢性肌肉紧张，引导身体深度放松。此外，按摩还能增强和深化渐进式肌肉放松疗法的疗效。渐进式肌肉放松疗法往往可以释放手臂、下肢、脖颈和躯干等部位外层肌肉中强大的表层压力；按摩（尤其是深层组织按摩）能够释放人体深层组织中长期存在的慢性压力。除释放肌肉压力之外，按摩还能促进淋巴循环，增强结肠活力，帮助身体排毒。

从心理层面上来说，人在倍感压力的时候，享受按摩是一种绝佳的滋养心灵的方式。对于遭受过虐待的人而言，按摩亦可提供矫正性的情感体验。如果你成长于不正常的家庭，从未得到过家人的抚爱或者得到的"抚爱"只是打骂，按摩可以起到抚慰的效果，帮助你摆脱任何痛苦的感觉，或摆脱对抚摩的抵触情绪，更自在地享受人类的内在需求。

按摩的类型有许多种。瑞典式按摩由 19 世纪的彼得·林首创，采用揉捏、拍捶、摇振等方法引导身体放松。这是目前最常用的一种按摩类型。深层组织按摩的手法力度比瑞典式按摩更大，作用于更深层次的肌肉组织，针对的往往是特定的不适部位。神经肌肉按摩属于深层组织按摩的一种，它作用于特定的"刺激点"，以放松长期紧绷的肌肉。穴位按摩虽然可以让人放松，但它的主要目的是促进体内气血的平衡。穴位按摩师用力按压特定穴位，每个穴位按住 3 ~ 10 秒，然后再松开，帮助疏通阻滞，让经络穴位中的气血能够自然流动。

如需了解按摩的更多详情，我建议阅读乔治·唐宁的《按摩书》（1998 年）。

本章旨在提供绝大多数其他焦虑症自助书都不会介绍的一系列缓解焦虑的替代疗法。虽然本章使用了"替代"这个词，但这些疗法绝无取代认知行为疗法之意。本书第 1 章的开头介绍了认知行为疗法，无论你的焦虑症属于哪一种，它都很可能对你有帮助。如果你的焦虑症状仅为轻中度（只是有点麻烦，但不会让你"瘫痪"），本章中一些类似草药或针灸的疗法也许可以替代处方药。不过，如果你的焦虑症比较严重，我建议你除了采用认知行为疗法，不妨与专业精神科医师或内科医师探讨一下是否服用药物。一般而言，像卡瓦醉椒这样令人放松的草药不能与阿普唑仑、氯硝西泮等处方类镇静剂同服。如果没有专业医师的监督，也请不要将S-腺苷甲硫氨酸（SAM-e）、圣约翰草或5-羟色氨酸（5-HT）等抗抑郁补充剂和处方类抗抑郁药搭配服用。

　　本章中介绍的任何一种其他疗法都相当安全（尤其是能量平衡疗法），不会和你服用的任何一种药物产生不良反应。所以无论你的症状是轻微还是严重，都可以放心一试。归根结底来说，整体疗法或替代疗法与包括药物疗法在内的传统疗法之间不存在任何冲突。这里真正需要问自己的问题是："你该如何关爱自己？什么样的自我关爱对你而言最贴心？""什么样的疗法最对症，能够让你享受到最满意、最圆满的生活？"综上所述，你需要有尝试各种疗法的意愿，需要信任自己的直觉，也许最终就能找到最适合自己的传统疗法与替代疗法的完美组合。

已尝试的替代疗法记录

疗法	采取的措施	每周频率	结果
草药／补充剂 ① ②			
按摩			
瑜伽			

疗法	采取的措施	每周频率	结果
太极			
针灸			
脊椎按摩			

1. 在尝试过的所有疗法中，你觉得哪一种最有帮助？

2. 以上疗法中有没有哪一种你愿意纳入自己的生活并长期坚持下去？

现在应该怎么做

1. 读完本章后，你可能已开始考虑准备尝试某一种或某几种替代疗法。我建议你开始的时候只专注于一两种干预措施，例如，草药疗法和能量平衡疗法，这样就不至于分散太多精力，同时也能全面评估所尝试的疗法的效果。请使用 61~62 页的表格监测你尝试的疗法及其疗效。

草药与补充剂

2. 你可能想尝试一下卡瓦醉椒、缬草或西番莲等令人放松的草药，以缓解轻中度焦虑症。绝大多数保健食品店和药店都出售这些草药，你可以尝试各种形式的草药（如草药茶、胶囊、酊剂），看看哪一种比较合你的心意。不过这些草药不能与阿普唑仑、氯硝西泮等苯二氮平类镇静剂同服，请注意避免。

3. 如果你有轻中度抑郁症，也许可以尝试 S- 腺苷甲硫氨酸（SAM-e）、圣约翰草或 5- 羟色氨酸以提升你的 5- 羟色胺水平。这些补充剂最好每次只尝试一种，以便全面评估其效果。圣约翰草可以与 S- 腺苷甲硫氨酸或 5- 羟色氨酸搭配服用，但在未咨询专业医师之前，切勿将这些补充剂与 SSRI 类药物同服。

4. 请尝试缓解焦虑和压力的补充剂，尤其是复合维生素 B、维生素 C 和钙镁补充剂，然后评估你的感受。

5. 你也许想亲自验证氨基酸的效果，尤其是治疗焦虑症的 γ- 氨基丁酸以及治疗抑郁症的 5- 羟色氨酸、酪氨酸或 DL- 苯丙氨酸。如需了解使用氨基酸治疗焦虑或抑郁的更多详情，请阅读普莉希拉·斯莱格尔的《走出低谷》或咨询经验丰富的医师。

6. 自行服用腺体提取物或激素（如 DHEA）之前，请咨询整体疗法医师、自然疗法医师或专业营养师。

能量平衡疗法

7. 请重新阅读"能量平衡疗法"这一小节。如果你决定学习瑜伽或太极，请在当地寻找这类课程（健身俱乐部一般会提供）。如果没有这类课程，你也可以购买教学录像自学。

8. 如果你想试试针灸、穴位按摩、保健按摩或脊椎按摩，不妨请亲朋好友帮你推荐一位有资质的理疗师。如果他们都没有可推荐的医师，你也许得通过电话目录自行寻找，这时你可以联系理疗师问他们一些问题，例如，他们的教育背景、培训背景以及执业年限。选择与你合作融洽的理疗师即可，按摩和针灸一开始的时候最好每周做一两次。

9. 如需全面、广泛涉及40多种替代疗法的资源，请参阅伯顿·戈德堡集团编撰、未来医疗出版公司出版的著作《替代医学》。

参考文献和延伸阅读

草药与补充剂

哈罗德·布鲁姆菲尔德、米卡埃·努德福和彼得·迈克威廉姆斯合著《金丝桃与抑郁症》（1996年），加州圣塔莫妮卡序曲出版公司。

哈罗德·布鲁姆菲尔德《焦虑草药治》（1998年），纽约哈珀柯林斯出版集团。

理查德·布朗《从现在开始不再抑郁：S– 腺苷甲硫氨酸》（1999年），纽约普特南出版公司。

海拉·凯斯和泰伦斯·迈克耐利合著《卡瓦醉椒：缓解压力、焦虑和失眠的天然灵药》（1998年），加州洛克林普瑞玛健康出版公司。

贝丝·M. 莱伊《脱氢表雄酮：解锁不老泉的秘密》（1996年），纽波特 BML 出版公司。

厄尔·明德尔《维生素圣经》（1979年），纽约华纳图书出版公司。

迈克尔·莫瑞《百忧解的天然替代物》（1996年），纽约威廉姆·莫罗出版社。

雷·沙赫利安《褪黑素——天然的安眠药》（1995年），加州玛丽安德尔湾快乐加倍出版公司。

普莉希拉·斯莱格尔《走出低谷》（1987年），纽约兰登书屋。

能量平衡疗法

乔治·唐宁《按摩书》（1998年），纽约兰登书屋。

理查德·希特曼《理查德·希特曼的28天瑜伽健身计划》（1983年），纽约沃克曼出版公司。

理查德·希特曼《瑜伽健身》（1985年），纽约百龄坛出版公司。

艾扬格《瑜伽之光》（1995年），纽约绍肯图书公司。

斯图尔特·麦克法兰和陈妙风合著《太极全书》（1997年），DK出版公司。

苏珊·芒福德《按摩完全指南》（1995年），企鹅图书公司羽翎出版社。

玛格丽特·皮尔斯和马丁·皮尔斯合著《生命瑜伽》（1996年），俄勒冈州波特兰鲁德拉出版公司。

间中喜雄和伊恩·厄尔奎特合著《新手针灸指南》（1995年），纽约威瑟希尔出版公司。

第 *4* 章

饮食

在过去的 20 年里，人们已找到了证据，证明饮食和情绪之间存在某种联系。据说某些食物和物质容易引发压力和焦虑，而另一些则可以稳定情绪，静心凝神。某些天然物质具有直接的镇静效果，而另一些则具有抗抑郁效果。你也许还没意识到饮食和情绪之间的关系，甚至也意识不到咖啡或可乐饮用过量会加重焦虑程度。你可能不知道摄取蛋白质不足会加重焦虑和抑郁情绪，或者你可能还没发现白糖和焦虑症、抑郁症或经前综合征之间存在联系。我希望本章能阐明这方面的一些联系，帮助你积极提振自己的情绪。

　　你的体质取决于所摄取食物的数量和质量。在数量这个方面，你需要平衡摄取的卡路里和消耗的热量值。由于高热量饮食和久坐不动的生活方式，美国 60% 的成年人都超重。时髦的饮食疗法并不能解决绝大多数的超重问题，而健康的饮食和足量的运动则可以。

　　饮食的质量和数量同等重要。爱护自己的身体意味着积极摄取不含毒素和人工添加剂的天然食品。此外，身体摄取的食物所提供的热量也必须足以维持人体的内在生命力，而不是一味地消耗这股生命力。食物的营养成分至关重要，不过它内在的"生命力"同样重要。未加工的新鲜果蔬比那些煮熟、冷冻或罐装的果蔬更有益健康，一个新鲜苹果提供的"生命力"远大于一大袋黄油爆米花。爱护自己意味着摄取丰富多样的食物，满足身体的多样化营养需求。这包括复合碳水化合物（如蔬菜和全麦食品）、脂肪（如油脂和坚果）和蛋白质（如禽肉、鱼肉和豆制品）。

改善饮食指南

下面是一系列改善饮食的指引。我建议可以先熟悉一下所有的这些指引，但没必要一次性全部实施。对于绝大多数人而言，逐步改变饮食习惯相对会容易一些，所以一次只改变一两项即可，我用了大约 10 年才完成以下的所有改变。

阅读这些指引时，请注意前三条是最重要的，它们与降低焦虑易感性直接相关，不过后面的几条指引有助于提升人的整体健康和幸福感，也应该认真实施。

减少或戒断咖啡因

在所有加重焦虑情绪、引发恐慌发作的饮食因素中，咖啡因的恶名是最响的。我的好几位客户追溯自己的第一次恐慌发作，都发现是因为咖啡因摄入过量。许多人都发现他们减少了咖啡因的摄入量之后，情绪更稳定了，睡眠质量也提高了。咖啡因对人体的许多系统都会产生直接的刺激作用。它会提升大脑中的神经递质去甲肾上腺素的水平，使人保持头脑清醒，反应灵敏。此外，它诱发的生理唤醒反应和人遭遇应激型交感神经系统活动、释放肾上腺素时的反应一模一样。

咖啡因过量会让你处于长期紧绷的唤醒状态，导致你更容易受到广泛性焦虑症和恐慌发作的攻击。咖啡因会耗尽你体内的维生素B₁（一种名为"硫胺素"的抗压维生素），进一步引发更多压力。

咖啡因不仅存在于咖啡中，多种多样的茶、可乐饮料、巧克力糖果、可可饮料和非处方药中也含有咖啡因。

如果你很容易受到广泛性焦虑症和恐慌发作的攻击，我建议你减少咖啡因的总摄入量，每天不要超过50毫克。例如，一天最多喝一杯渗滤咖啡或健怡可乐。对于咖啡爱好者来说，这似乎是一个巨大的牺牲，但你可能会惊喜地发现，如果下狠心控制只在早上喝一杯咖啡，你的情绪会好得多。这样的牺牲很可能相当划算，毕竟你的恐慌发作或其他焦虑症状会明显减少。如果你对咖啡因极其敏感，那我建议干脆完全戒断。

请注意，每个人对咖啡因的敏感度都不一样，甚至有天差地别之分。咖啡因在某种程度上类似于任何一种成瘾性药物，长期摄入会增加人的耐受性，甚至戒断时可能产生脱瘾症状。如果你原本一天喝五杯咖啡，突然开始减到一天一杯，这时可能会出现疲倦、抑郁和头痛等脱瘾症状。因此，我建议用一两个月的时间逐步减量。有的人选择低因咖啡（每杯咖啡仅含4毫克咖啡因）来替代常规咖啡，还有一些人则选择花草茶。有些人对咖啡因极端敏感，只喝一杯咖啡或可乐就会神经紧张。我发现有一些客户只沾一点咖啡因就会陷入恐慌或整晚失眠。你有必要试验一番，找到自己理想的咖啡因日摄入量。对于绝大多数的焦虑或恐慌易感人群来说，这个量可能是每天不超过50毫克。请参考下面的《咖啡因列表》，确定适合你的咖啡因摄入量。

著名的整体疗法医师安德鲁·威尔在他的书《天然保健，天然

《灵药》中建议，如果你有恐慌/焦虑、失眠、偏头痛、心律失常、高血压、肠胃疾病、经前综合征、紧张性头痛、前列腺疾病或泌尿系统疾病等问题，应尽量避免咖啡因。

　　除了戒断咖啡因，你也有必要戒断其刺激效果与咖啡因相似的物质。许多非处方类感冒药中的麻黄碱和伪麻黄碱都会让咖啡因敏感人群加重焦虑症状。

咖啡因列表

一杯 180 毫升咖啡、茶和可可饮料的咖啡因含量	
速溶咖啡	60~70 毫克
渗滤咖啡	90~110 毫克
滴流咖啡	120~150 毫克
茶包（冲泡 5 分钟）	50~60 毫克
茶包（冲泡 1 分钟）	30~40 毫克
散装茶叶（冲泡 5 分钟）	40~50 毫克
可可饮料	10~20 毫克
巧克力块（28 克）	5~10 毫克
低因咖啡	3~10 毫克
一杯 360 毫升碳酸饮料的咖啡因含量	
可口可乐	65 毫克
百事可乐	43 毫克
胡椒博士（Dr Pepper）	61 毫克
激浪（Mountain Dew）	50 毫克
（注：该列表不包括提神药 NoDoz，减肥膳食补充剂 Dexatrim，止痛药 Anacin、Excedrin 或 Midol 等非处方类药物的咖啡因含量数据）	

减少或戒断各种各样的糖

我们的身体并不能代谢大量的糖，事实上，除了超级富豪，绝大多数的普通人到了 20 世纪才开始消费大量的精制糖。如今，标准的美国饮食离不开糖——绝大多数饮料（咖啡、茶、可乐）含糖，早餐麦片含糖，沙拉酱含糖，连加工类肉制品都含糖，这样还不够，人们每天还要吃一两份甜点，茶歇期间甚至还要来点甜甜圈或曲奇饼。糖可能会以右旋糖、蔗糖、麦芽糖、原糖、玉米糖浆、玉米甜味剂和高果糖等五花八门的"化名"掩人耳目。美国人每年大约要摄入 54 千克的糖！如此巨量的糖分连续不断地狂轰滥炸，导致人体出现糖代谢紊乱，而且还是慢性长期的。对一些人而言，这种紊乱可能引发血糖水平过高或糖尿病（21 世纪糖尿病患者突然激增）。对更多的人而言，问题可能正好相反——他们的血糖经常跌至正常水平之下，这种病被称为低血糖症。

如果血糖降到 50~60 毫克 / 毫升以下，或者从一个较高的水平迅速降到一个较低的水平，人体就容易出现低血糖症状。一般而言，饭后两三个小时容易出现这种情况。有时仅仅是因为压力过大也可能出现低血糖症状，因为压力会导致人体迅速消耗糖分。低血糖最常见的主观症状[1]包括：

- 眩晕

- 焦虑

- 颤抖

- 头重脚轻或浑身无力

---

[1] 症状一般分为两类：主观症状和客观症状。主观症状指的是患者向医生自述的症状；而客观症状指的是医生通过感官从医疗检查中所发现的患者具有的症状。

- 暴躁易怒

- 心悸

这些症状很可能看起来和恐慌发作时的症状大同小异。事实上对于一些人而言，恐慌反应可能的的确确源于低血糖。这个时候他们只要吃一点东西，往往就能从恐慌中迅速恢复过来，等他们的血糖水平升高了，情绪自然就好转了（事实上，诊断低血糖症有一种非正式、非临床的方式，那就是询问患者产生以上任何一种症状是否在饭后三四个小时，而且是否吃了一点东西就会好转）。

绝大多数恐慌症或广场恐惧症患者都认为，他们的恐慌反应并不一定和低血糖有关。不过，低血糖会加重其他原因导致的广泛性焦虑症和恐慌发作。

低血糖症可以通过一种名为"六小时糖耐测试"的临床测试正式诊断。受试者需禁食 12 小时，然后饮下一杯高浓度糖溶液，在之后的 6 小时内，每隔半个小时测试一次血糖水平。如果低血糖症为中重度，测试结果很可能是阳性。不幸的是，许多轻中度的低血糖症患者就成了"漏网之鱼"。患者可能有低血糖症的主观症状，但糖耐测试的结果却为阴性。以下任何一种主观症状都可能与低血糖症有关：

- 饭后三四个小时（或半夜）你会焦虑不安，头晕目眩，浑身无力；进食几分钟后这些症状就消失了。

- 吃甜的东西会让你兴奋，但 20~30 分钟后你开始变得阴郁、易怒或恍惚。

- 清晨 4 点至 7 点你会焦虑不安甚至心悸恐慌（因为你整夜都没有进食，所以这个时候血糖处于最低水平）。

如果有低血糖症，那该怎么办？幸运的是，克服低血糖症并不难，你需要改变饮食习惯，然后服用某些特定的补充剂。如果你怀疑自己有低血糖症或者已正式确诊，以下几项指引可能对你有帮助：

- 在饮食中尽可能戒断所有类型的糖。这包括明显含有白糖或蔗糖的食物，例如，糖果、冰激凌、甜点和软饮料。此外，也包括各种形式不那么明显的糖，例如，蜂蜜、黄糖、玉米糖浆、玉米甜味剂、糖蜜、麦芽糖和高果糖。务必仔细查看所有加工类食品上的标签，看看是否含有任何形式的糖。

- 用新鲜水果（不要用果干，因为果干的糖分太高）替代糖分，避免果汁，或者采用 1∶1 的比例用水勾兑果汁。

- 减少或戒断简单的淀粉类食物，例如意面、精加工谷物、土豆、薯片或白面包。用全麦面包、燕麦、蔬菜、糙米或其他全谷类食品等"复杂"的碳水化合物代替它们。

- 两餐之间（上午 10∶30—11∶00 以及下午 4∶00—5∶00）吃一点含有复杂碳水和蛋白质的零食。如果你清晨醒得特别早，也许吃一点零食能让你再睡一两个小时。如果不想在两餐之间吃零食，你也可以采取少食多餐的形式，每隔两三个小时吃一顿，每天吃四五顿。无论是间餐零食，还是少食多餐，目的都是维持稳定的血糖水平。

- 服用复合维生素 B：随餐服用包含全部 11 种 B 族维生素的补充剂，剂量为 25~50 毫克，每天一次（如果压力大，每天可以服用两次）。

- 服用维生素 C：随餐服用维生素 C，剂量为 1000 毫克，每天两次。

- 服用有机三价铬（俗称"葡萄糖耐量因子"）：每天 200 微

克。这种补充剂在保健食品店有售。

复合维生素B和维生素C都有助于增强抗压力，如果抗压力弱，血糖水平的波动可能会比较大。维生素B亦有助于调控人体将碳水化合物转化为糖的代谢过程。

三价铬可以促进胰岛素将糖分带入细胞的过程，从而能够直接稳定血糖水平。

如有兴趣进一步了解低血糖症的相关知识，请阅读以下书籍：威廉·杜夫蒂的《蜜糖之苦》、帕沃·埃罗拉的《低血糖症：一种更理想的疗法》或卡尔顿·弗莱德里克斯的《低血糖和你》。

尽可能戒断让你过敏的食物

人体试图抗拒外来物质的入侵时，可能就会出现过敏反应。对于一些人来说，某些食物对身体而言就是外来物质，它们不仅会导致流鼻涕、分泌气道黏液和打喷嚏这样的常见过敏症状，还会引发各种各样的心理或心身症状，例如：

- 焦虑或恐慌
- 抑郁或情绪波动
- 头昏眼花
- 暴躁易怒
- 失眠
- 意识模糊，失去方向
- 疲倦无力

许多人只是摄入了过量的某类食物，或摄入了与身体相冲的食物，或者因为感冒或感染抵抗力过低，就会产生过敏反应。还有的人对食物极度敏感，只吃一丁点不对劲的食物就会瘫软无力。一般而言，心理上的过敏反应更微妙一些，而且会延迟发作，使人很难察觉这些心理症状与食物过敏相关。

在我们的文化中，牛奶（或乳制品）和小麦是两种最容易引发过敏反应的食物。牛奶中的酪蛋白以及小麦中的麸质是引发过敏的元凶。还有一些食物也可能引发过敏反应，它们包括酒精、巧克力、柑橘类水果、玉米、鸡蛋、大蒜、花生、酵母、贝类食物、豆制品和番茄。食物过敏最有说服力的征兆之一是成瘾性，让你过敏的食物往往就是那些让你垂涎欲滴、欲罢不能的食物。虽然巧克力是这一理论的绝佳示例，但如果你发现自己迷恋面包（小麦）、炸玉米片（玉米）、乳制品或其他特定的食物，也许就得好好想想了。很多人过了许多年都察觉不到他们爱得发疯的食物其实会对他们的情绪和健康产生微妙的毒性作用。

如何判断食物过敏是否会加重焦虑症？和低血糖症的例子一样，你可以找营养方面的专业医师做专业测试，也可以自行做一些非正式的测试。

在所有食物过敏的正式临床测试中，放射过敏原吸附试验（Radio Allergo Sorbent Test，简称 RAST）很可能是最可靠的。这是一种针对各种食物过敏原的血液测试，可以查看血液是否含有特定过敏原的抗体。如果血液中某种食物的抗体水平升高，则表明你对这种食物过敏。尽管做 RAST 试验比较昂贵，但可以详细筛查所有类型的食物过敏原，判断你对什么食物过敏，这是一种非常有帮助的诊断工具。

还有一种非正式的食物过敏自测法，它的成本当然要低得多，这就是"戒断"法。如果你想知道自己是否对小麦过敏，只需连续两周在饮食中戒断一切含有小麦的制品并注意自己的感觉是否好转即可。然后，等到两周结束时，突然摄入大量小麦制品，并密切监测接下来的 24 小时里出现的任何症状。测试完小麦后，你也许还想测试牛奶和乳制品。"戒断"法有一条重要规则，那就是一次只能测试一种潜在的过敏食物，以确保测试结果绝无混淆之虞。

另一种测试食物过敏的方法是餐后把脉法。餐后把住脉搏，记录跳动次数，如果每分钟的脉搏比正常次数至少多 10 下，则表示你可能吃了让你过敏的食物。

好消息是你很可能没必要永久性地戒断让你过敏的食物。这类食物只用戒断几个月即可，之后偶尔地浅尝一下也许不会有副作用。例如，如果你对面包过敏，就不要几乎一餐不落地吃，也许每周只吃一两次你的过敏反应会少得多。

对于某些人而言，食物过敏绝对是过度焦虑和情绪波动的驱动因素。如果你怀疑自己有食物过敏的问题，建议运用"戒断"法自测和 / 或咨询有资质的营养师或者自然疗法医师。

少摄取饱和动物脂肪，多摄取多不饱和或单不饱和植物脂肪

饱和脂肪是来自牛肉、禽肉、培根、黄油、鸡蛋、全脂奶和奶酪等动物制品的脂肪。

在过去的 50 年里，各种各样的资料不断表明，饱和动物脂肪可能推高罹患心脏病和中风的风险。饱和脂肪摄取过量往往会导致动脉斑块沉积，日积月累形成动脉粥样硬化。事实上，饱和脂肪比胆固醇更容易引发心脏病，这样的结果可能会让你惊掉下巴，所以

要小心那种胆固醇低但饱和脂肪仍然高的食物。

不过你摄取的卡路里中，脂肪的含量仍然不能低于20%，这一点至关重要。我们摄取的脂肪应该一半为来自种子、坚果和蔬菜的多不饱和或单不饱和脂肪，即类似于芝麻油、红花籽油的植物油。注意，它们必须新鲜无异味。植物油应冷藏，如腐坏变质或有异味则应丢弃。变质的食用油（和坚果）含有大量的氧分子，这种氧分子名为"自由基"，它会破坏DNA（导致癌症）或血管内壁（导致动脉粥样硬化）。此外，油炸食物也是自由基的主要来源（维生素C、维生素E等抗氧化维生素和硒可以抵消自由基的影响）。

橄榄油和菜籽油等单不饱和食用油很可能是最安全的食用油。它们能够降低"坏"的胆固醇（LDL），与此同时还不会降低"好"的胆固醇（HDL）。建议购买特级初榨油或冷榨油，也许去当地的保健食品店买食用油比较好，因为超市的食用油往往是热榨油，这种油的分子结构产生了改变，对人体不健康。

我建议除了植物油之外，你摄取的其他油脂最好来自有机禽肉或新鲜海鲜。三文鱼含有一种名为 $\omega-3$ 脂肪酸的油脂，对身体特别有益。

选择未加工的全食食品

尝试摄取新鲜完整、尽可能接近其天然状态的食物，正如一句名言所说的那样："自然长出来的就吃，工厂制造出来的就别吃。"全食食品包括新鲜水果、新鲜蔬菜、全麦食品、未经精加工的谷类食品、豆类食品、坚果、种子、海菜、鲜鱼以及散养的有机禽肉，这种食品不仅仅是一堆蛋白质、碳水化合物、脂肪、维生素和矿物质的聚合物。我们既要从食物中摄取营养成分，更要摄取它们的能量场——"生命力"。食物越新鲜、越完整，它提供的生命力就越强。

食品加工会通过两种方式削弱或破坏这种生命力。第一，它会从细胞层面分解食物。例如，在加工精白面粉时，小麦的麸皮和胚芽会被剥离出来，只留下胚乳。在这个加工过程中，20种不同的营养成分就这样流失了。后来虽然出现了"富强"面粉，但它们其实只是将4种流失的营养成分重新添加了进去。第二，在本已不完整或支离破碎的食品中添加防腐剂和添加剂，不仅会进一步削弱食品中的生命力，甚至还有可能产生毒性。例如，人工色素和染料会与DNA产生相互作用，继而破坏DNA；有的人工色素已被证实有毒。添加到许多肉罐头和加工类肉制品中的亚硝酸盐本身并不会致癌，却会和胃里的蛋白质分解产物发生反应，合成一种名为"亚硝胺"的致癌物。据说人工甜味剂中的糖精也有致癌作用，阿斯巴甜可能也是如此。一些证据表明，实验室中的动物摄取大量阿斯巴甜可能会患上脑肿瘤。对阿斯巴甜过敏的人还可能产生类似头痛、恶心、眩晕、失眠或抑郁的症状。还有一些其他的添加剂也应该避免，它们包括味精、丁基羟基茴香醚（BHA）、二丁基羟基甲苯（BHT）和亚硫酸盐。

简而言之，要想提升幸福感，避免潜在的危害，我们应该尽可能地将加工类食品替换为全食食品。

少吃商业养殖的牛肉、猪肉和禽肉

红肉会给人类健康带来一系列的危害。红肉消费量低的国家其心血管疾病和癌症的发病率往往比较低，这种联系绝非偶然。我们刚刚已介绍过脂肪，红肉中的饱和脂肪酸含量就非常高。经常吃牛肉会增加罹患动脉粥样硬化（心脏病和中风的主要元凶）的风险。红肉以及绝大多数商业养殖的禽肉均源于喂食了激素的动物，这种动物长得特别快，增重也相当神速。种种迹象表明，这些激素会对动物造成压力；我们完全有理由相信，我们吃了这些动物，我们的压力有可能也会增加。给奶牛、猪和鸡喂食激素导致的直接后果之一是激素抑制了动物的免疫系统，因此这类动物比较脆弱，容易患上传染病。为了解决这个问题，养殖者又给动物喂食抗生素。吃这些商业养殖的牛肉、猪肉或禽肉时，你吃下去的可能不仅有激素，还有抗生素的残留物。最后要说的是，这些动物在被送入屠宰场之前，往往生活在生不如死的养殖环境中。看到这里，你还会奇怪商业养殖的牛肉和禽肉论口感完全比不上三四十年前的肉吗？如有兴趣进一步了解肉类养殖业的虐待故事，以及它们对我们的健康乃至于整个社会的影响，我建议你阅读约翰·罗宾斯的《新美国饮食》。

尽可能摄取有机食品

有机食品是施以天然肥料（未喷洒杀虫剂或杀菌剂）、自然生长的水果、蔬菜和谷物。任何蔬菜或水果如未标注"有机"字样，都可能含有杀虫剂或杀菌剂的残留物。绝大多数场所销售的肉品和禽品如未标注"有机"字样，任何鸡肉如未标注"散养"字样，都可能含有类固醇激素和抗生素的残留物。为满足消费者的需求，有的超市一直都在供应农药残留极低或完全无残留的食品；绝大多数保健食品店也销售有机食品。我建议大家尽可能购买有机蔬菜和水果。如果你在当地买不到有机食品，下面有几条原则可以帮助你尽可能地远离有害化学物质：

- 所有蔬菜和水果吃之前必须完全洗干净。
- 结球生菜、大白菜和其他绿叶蔬菜最外面的一层不要吃。
- 打了蜡的苹果、黄瓜和辣椒等果蔬必须削皮（虽然那种可以生吃的辣椒并不容易削皮）。
- 橙子、柠檬或青柠如果不是无农药的有机水果，不要把它们的果皮当作佐料放到菜里。

多吃蔬菜

蔬菜富含维生素、矿物质和纤维素，新鲜的蔬菜可以为任何餐食注入生命力。在如今这个年代，标准饮食中充斥着糖果、苏打汽水和零食，对许多人而言蔬菜已不再有吸引力。然而，人们对蔬菜的排斥情绪有可能是后天习得的（绝大多数婴儿都喜欢蔬菜类婴儿食品），因此也是可以扭转过来的。等你开始将垃圾食品从饮食中剔除，也许就会发现烹调得当的新鲜蔬菜有多么甘美可口。稍稍清蒸一下，蔬菜的天然美味似乎就能发挥到极致。

建议每天吃一些蔬菜，生吃或煮熟吃都很好。中餐或晚餐可以来一份蔬菜沙拉，将生菜、黄瓜、水萝卜、胡萝卜、洋葱和番茄凉拌在一起享用。晚餐时也可以将西蓝花、菠菜、芦笋、豆角或绿叶蔬菜（如羽衣甘蓝、莙荙菜或小白菜）煮熟，配上鱼和米饭。十字花科蔬菜（大白菜、西蓝花、羽衣甘蓝、绿叶甘蓝、芥菜、球芽甘蓝）最好煮熟吃，不要生吃。这类蔬菜的好处非常多（包括预防结肠癌），但有一些自然毒素得煮熟了才能分解。我个人最喜欢将胡萝卜、土豆、菠菜、西蓝花放在一起清蒸，再加一点洋葱和生姜增味生香。如果你的精力不怎么充沛，也许经常吃清蒸蔬菜配米饭和豆腐（确保营养均衡）会有所改善。

在饮食中增加纤维素

纤维素中含有可食植物中难以消化的部分。要想维持肠道的正常功能，我们的饮食离不开纤维素。缺乏纤维素可能导致消化问题或便秘。富含纤维素的食物包括谷物、麸皮、新鲜水果和蔬菜。要想增加纤维素的摄入量，建议尝试全麦谷物或在自己喜欢的谷物中添加麸皮。一般而言，多吃未加工的新鲜蔬菜和水果就可以了。我建议大家午餐和晚餐都来一份生鲜蔬菜或沙拉，而新鲜水果则在两餐之间吃比较好，因为许多人很难同时消化水果和蛋白质。一定数量的纤维素虽然很有必要，但摄入过量（如饮食中只包括生鲜蔬菜和全麦谷物）会适得其反，给肠道施加不必要的压力，甚至引发气胀。

多咀嚼食物

除了要注意吃的食物，我们也要注意自己吃的方式，因为它也影响我们摄取的营养质量。如果吃得太快，或者未充分咀嚼食物，你不仅会白白浪费许多营养成分，还会把自己折腾得消化不良。

消化始于咀嚼。如果食物未在口腔中充分预消化，其中相当一部分就不可能在胃中充分消化。这种仅部分消化的食物进入肠道后，就有可能腐化和发酵，导致气胀、腹部绞痛和排气。而且，你从食物中摄取的养分也有限，所以有可能营养不良，只是这种营养不良的形式比较微妙，不易察觉。

为摄取食物的全部营养价值，我们应该给自己留足咀嚼的时间，每一口固体食物至少咀嚼15~20下。如果充分咀嚼后还感觉气胀或仍有消化不良的问题，我建议你随餐或餐后服用消化酶（可从保健食品店购买），每一餐都服用。食物充分消化后，饭后应该会有心满意足、通体舒泰的感觉，而不是困倦无力。

每天饮用6~8杯纯净水

为什么应该喝这么多水？主要原因在于水有益肾脏健康。肾脏的主要功能是排出所有类型的代谢废物、体内毒素以及外界的环境污染物。要想肾脏正常运转，我们就应该多喝水，将体内的代谢废物冲走。如果你居住在炎热的环境之中、摄取大量蛋白质、经常喝酒或咖啡、服用药物或有排尿问题，那就更需要多喝水了。同样，发烧也要多喝水。

饮用水的纯度非常重要。绝大多数净水厂主要只负责消毒，在很大程度上忽略了进入地下水的工业、农业废水中的化学污染物。一般而言，消毒难免会使用含氯消毒剂，这反而会带来额外的风险。氯是一种有毒气体，会产生一种名为"三卤甲烷"的毒副产品——三卤甲烷以致癌、致出生缺陷而著称。综上所述，我强烈建议你不要喝自来水。

你可以买瓶装水或在水龙头上装一个自来水净化器。买瓶装水的时候，不妨要求卖家提供详细的水质分析信息。有些瓶装矿泉水的水源可能混入了被污染的地下水。活性炭过滤器和反渗透系统是运用最广泛的两种自来水净化系统，它们都可以滤除氯气和毒性有机分子，反渗透系统还能滤除有毒金属。但反渗透系统有一个缺点，那就是它会浪费掉大量的水。活性炭过滤系统需要定期更换滤芯。这两个系统都能极大地提升自来水的品质，当然也比源源不断地购买瓶装水更方便、更省钱。

少摄取牛奶和乳制品

乳制品行业希望你相信牛奶是最健康、最有营养的饮料，下面有几条客观事实：

- 乳糖是牛奶中碳水化合物的一部分。不过，和许多人一样，你可能也有乳糖不耐症。你的肠胃可能无法合成消化乳糖的乳糖酶，因此，你喝牛奶可能会气胀、过度排气，甚至患上一般性的肠道疾病。

- 牛奶中的乳脂对心脏的负担极大，它含有大量的饱和脂肪酸。牛奶制成的奶酪其乳脂含量高达 50%~70%。如果你必须摄取牛奶或奶酪，建议选择低脂或无脂的类型。

- 牛奶中的蛋白质——"酪蛋白"——容易诱发过敏反应，其症状往往为黏液增加。牛奶和乳制品加重哮喘、支气管炎和鼻窦炎等慢性过敏炎症可谓家常便饭。此外，牛奶也经常会使类风湿关节炎、红斑狼疮等自身免疫病的病情加重。

- 乳制品行业为促进母牛产奶往往会给母牛喂食药物和激素，超市中的牛奶在很大程度上都含有这类药物和激素的残留物。牛奶的均质化工艺虽然可以杀菌，但无法去除激素残留物。持有专业资质的奶牛场出产的生乳也许没有激素，但可能有细菌。

总而言之，我建议大家尽量少摄取牛奶和乳制品。牛奶对于奶牛而言固然是一种理想的食物，但对成年人类并非如此。我喜欢喝豆奶或米奶，这两种奶在绝大多数保健食品店都买得到，大家不妨一试。

适当多摄取蛋白质，少摄取碳水化合物

绝大多数的营养学家前几年异口同声地提倡多摄取复合碳水化合物（如全麦谷物、意面和面包），摄取比例甚至应该占到总热量的70%。当时的主流观点认为，脂肪摄入过高会引发心血管疾病，蛋白质摄入过高会导致酸性体质甚至酸中毒。营养学家们认为，理想的饮食比例是脂肪占15%~20%，蛋白质占15%~20%，其他为碳水化合物。

不过在过去的几年，有证据表明碳水化合物摄入过多有害。人体消化吸收碳水化合物，分解为人体和大脑的"燃料"，也就是糖或葡萄糖。为了把葡萄糖运送到细胞，你的胰腺需要分泌胰岛素。碳水化合物摄入过多意味着你的身体分泌的胰岛素过多，而胰岛素过多又会对人体一些最基本的内分泌系统和神经内分泌系统产生不利影响，其中以分泌前列腺素和5-羟色胺的系统尤甚。

简而言之，摄入过量的燕麦、面包、意面，甚至谷物（如大米）或淀粉类蔬菜（如胡萝卜、玉米和土豆）会推高胰岛素水平，导致其他一些最基本的分泌系统失衡。不过我的答案不是戒断复合碳水化合物，而是在不增加饮食总热量的前提下调整碳水化合物、蛋白质和脂肪的比例（这样一来，你饮食中的蛋白质和脂肪比例也不会太高）。也就是说，每顿餐食适当少摄取碳水化合物，适当多摄取

脂肪和蛋白质，一切按比例即可。理想的比例大概是30%的蛋白质、30%的脂肪和40%的碳水化合物；蛋白质和脂肪最好来自蔬菜，而不是动物。

巴里·西尔斯博士在他的书《区域饮食法》中提供的大量研究证据表明，减少碳水化合物摄入比例、增加蛋白质和脂肪的摄入比例是一个非常有价值的举措。我个人的饮食以素食为主，我发现自从多吃蛋白质、少吃碳水化合物之后，我的精力比以前充沛多了，而且幸福感也更强烈。我的其他客户也表示，调整每顿餐食中的蛋白质和碳水化合物比例对他们的焦虑和抑郁有缓解作用。焦虑症和情绪障碍症往往是因为缺乏神经递质，尤其是5-羟色胺。如果不能稳定供应蛋白质中的氨基酸，人体就无法分泌神经递质(尤其是5-羟色胺)。无论你是否认同巴里·西尔斯博士的方法或选择4∶3∶3饮食法，我都强烈建议你每顿餐食摄取一些蛋白质(最好是鱼肉、有机禽肉、豆腐、印尼豆豉或大豆和谷物中的蛋白质)。另外，蛋白质的比例不能超过30%(红肉、鸡肉或鱼肉中的蛋白质尤其如此)，否则可能导致体内酸性过高。

外食应该怎么吃

现代生活压力太大，节奏太快，我们许多人都不得不在外面吃午饭或晚饭。可问题在于，绝大多数餐馆的餐食即便在最好的情况下也仍然热量过高，里面含有太多饱和脂肪，太多盐，甚至用的油往往也不新鲜或早已变质。许多餐馆的餐食都不如自家做的新鲜或"鲜活"。一般而言，在餐馆吃饭并不健康。

如果你不得不经常在餐馆吃饭，我建议你考虑以下几条原则：

- 拒绝所有快餐和"垃圾食品"。
- 只要有可能，尽量选择使用新鲜完整的有机食材、主打天然饮食或健康饮食的餐厅。
- 如果找不到天然饮食餐厅，可以找一家高品质的海鲜餐厅点一份新鲜海鱼餐品，最好是烤制的，不是用黄油或食用油煎炸的。鱼的配菜可以是新鲜蔬菜、土豆或米饭，然后再来一份绿色沙拉，沙拉不要加乳脂沙拉酱或以牛奶为原料的沙拉酱。
- 第三个方案是选择高品质的中餐馆或日本料理店，点一份含米饭、蔬菜和鲜鱼或豆腐的餐食。在中餐馆里，请务必告诉服务员不要放味精，因为许多人都对味精过敏。
- 一般而言，在外面吃饭时少点卷饼和黄油，尽量不要点含奶油的浓汤（如蛤蜊浓汤）。不要放沙拉酱，放一点油和醋就好，或者放意大利低脂油醋汁。坚持吃简单的主菜，例如，鸡肉或白鲑鱼，不要放复杂的酱汁或浇头。如有可能，避免高脂甜点。可以请服务员吩咐厨房按你的要求烹制，不要觉得不好意思。你可以学着享受简单餐食的美味，不久之后等你戒断了高油、高脂、高糖的餐食，你就会发现简单餐食的轻松惬意之处。

回顾上面的几条原则时，请记住一点，以上五条原则没必要一次采纳，这样也没有帮助。我建议你先开始减少咖啡因和糖的摄入，这可以直接帮你筑起"心墙",将压力和焦虑挡在墙外。除此之外,改变饮食也要按自己的节奏来。一旦决定改变饮食势在必行,按自己的节奏进行改变更容易保住胜利果实。

膳食营养问卷

以下问卷旨在评估你的饮食习惯以及每周饮食的质量,今天以及今后的每个月都可以填写一下,以跟踪记录你的饮食改善进度。

1. 你每顿饭有没有给自己留足吃饭的时间?吃饭是否不紧不慢、细嚼慢咽?早餐、午餐和晚餐大概要多长时间?

2. 你是否充分咀嚼每一口食物(每一口至少咀嚼 15 下)?

3. 你吃的食物是否主要为新鲜完整、未经加工的全食食品(不含人工添加剂的食物)?请列出你摄入的全食食品。

全食食品示例	加工食品示例
新鲜蔬菜	冷冻蔬菜或罐装蔬菜
新鲜水果	罐装水果
全麦面包	富含维生素的面包
糙米、小米和其他谷物	品牌谷物
全麦谷物	均质牛奶
生乳制品和酸奶制品	在普通超市购买的肉品
鱼肉	炸薯条或炸玉米片
有机禽肉	冷冻快餐
无盐生杏仁或其他坚果	

4. 从你的年龄和骨架来看,你的体重是否处于理想体重的上下 10 斤之内?你的热量摄入是否大于热量消耗?

5. 你是否摄取咖啡因？如果是，你喝的是咖啡（每日杯数）、含咖啡因的茶饮（每日杯数），还是可乐（每日 350 毫升罐装数或 250 毫升瓶装数）？

6. 你摄取的糖分是精制糖还是粗制糖？

糖分	每周数量
咖啡或茶饮中的糖分（茶匙数）	
谷物中的糖	
每片吐司上的果酱	
甜卷饼	
甜面包圈	
馅饼	
蛋糕	
冰激凌	
含糖软饮料	
高果糖果汁	
块状糖	
含蜂蜜的保健食品	
其他基于蜂蜜的糖	
曲奇	

7. 你每周吃多少次红肉（牛排、烤牛肉、汉堡包、火腿、羊肉、小牛肉、猪排）？ ____

你每周吃多少次普通禽肉？ ____

你每周吃多少次有机禽肉？ ____

你每周吃多少次鱼肉？ ____

是白鱼? ____ 水生贝壳类动物（如河虾、海虾、螃蟹、牡蛎、贻贝、蛤蜊）? ____ 还是小鱼（如沙丁鱼）? ____

8. 你每周吃多少次乳制品? ____

均质牛奶? ____ 酸奶? ____ 奶酪? ____ 其他? ____

黄油? ____ 冰激凌? ____

含乳脂的汤、酱汁、砂锅菜等? ____

9. 你每周吃多少个鸡蛋? ____

10. 你每周吃多少次油炸食品（如炸肉丸、炸土豆、油炸蔬菜）? ____

11. 你的饮食中包含多少纤维素?

你每天是否吃一份生蔬菜和一份煮熟的蔬菜? ____ 每周次数____

你每天是否吃一份全谷物食品? ____ 每周次数____

你是否经常便秘? ____ 每周排便次数____

12. 你每天喝多少杯（250毫升）纯净水或矿泉水? ____

13. 你每天是否吃沙拉? 每周次数____沙拉里面有什么? ____

14. 你的饮食是否均衡? ____

　　理想饮食

　　复合碳水化合物（新鲜蔬菜、全麦谷物）——50%～60%

　　蛋白质（鱼肉、禽肉、奶酪、酸奶）——20%～25%

　　脂肪（源于肉食、坚果、油）——20%～25%

15. 你有没有特别迷恋的食物（如巧克力、面包、糖果、牛奶、奶酪等）? 请把它们列出来。_____

16. 你是否只购买有机食品或食材? 有机食品在你的饮食中占多大的比例? _____

17. 你是否在食物中放盐？是___否___

18. 你每周外食多少次？

每周次数___在什么样的餐馆吃饭？点什么菜？

19. 你每周喝多少酒精性饮料？

每周次数___什么样的饮料？_____

20. 你服用补充剂吗？什么样的补充剂？每周服用多少？___

_____

本章探讨了一系列改善饮食的方法，我希望你现在能意识到饮食与情绪之间的联系。前面列出的几条指引即便只遵循几条（尤其是前三条）也可以帮助你筑起"心墙"，将焦虑拒之墙外。实施这一章中的建议时，不妨按自己的节奏来。饮食虽然会对情绪产生极大的影响，但人与人之间毕竟千差万别。只有你自己才能决定本章中的哪些建议对自己最有效，最适合自己的具体情况。如需进一步的指导，请咨询整体疗法医师、自然疗法医师或其他类型的医疗专业人士。

现在应该怎么做

1. 参照本章的《咖啡因列表》评估你饮食中的咖啡因毫克数，并逐步减少咖啡因的摄入量，直到每天不超过 50 毫克。如果你对咖啡因特别敏感，也许应该完全戒断，建议用无因咖啡（或花草茶）代替普通咖啡。

2. 少抽烟或戒烟，这不仅能在极大程度上预防心血管疾病和癌症，还能降低恐慌发作和焦虑症的易感性。

3. 饭后三四个小时（或清晨起床时）评估你是否有眩晕、焦虑、抑郁、虚弱或颤抖等低血糖症的主观症状，然后再评估进食后这些症状是否会迅速缓解。做完自我评估后，也许你还希望做正式的六小时糖耐测试确认一下。如果你怀疑低血糖症诱发了你的焦虑症，请尽量戒断饮食中所有类型的白糖以及红糖、黄糖、蜂蜜、玉米糖浆、玉米甜味剂、糖蜜和高果糖（阿斯巴甜也应该小心，有证据表明对于某些人而言，这种物质可能会诱发恐慌）。如果你有低血糖症，绝大多数新鲜完整的水果都可以吃（水果干不能吃），但果汁还是应该兑水喝。请遵循前面列出的几条应对低血糖症的指引，并考虑服用本章推荐的补充剂。你也许需要咨询营养师、自然疗法医师或持有相关资质的保健医师，请他们帮你制定适当的饮食方案和补充剂方案。

4. 评估你的食物过敏易感性。记录你特别迷恋的任何食物（尤其注意小麦加工产品和乳制品），尝试连续两周在饮食中戒断这类食物。两周结束后再突然摄入，看自己是否会产生症状。如果你怀疑自己有食物过敏的问题，不妨考虑找整体疗法医师或自然疗法医师做血液测试。

5. 遵循其他的饮食改善指引。这些指引即使只遵循一两条也可以提升你的幸福感，甚至还能帮你筑起"心墙"，将焦虑和压力拒之墙外。根据我的经验，如果你总是觉得有压力、不堪重负，多吃全食食品、充分咀嚼、多摄取蛋白质、少摄取碳水化合物这几条指引尤其重要。不要突然剧烈改变自己的饮食习惯，否则可能会产生反弹效应，最后适得其反。每周只做一个小小的改变就好，甚至也许每个月做一个改变也行，这样才能水滴石穿，逐渐改变饮食习惯。

6.本章末尾列出了鲁道夫·巴伦坦、安玛丽·科尔宾、艾尔森·M.哈斯、巴里·西尔斯和安德鲁·威尔的著作，它们进一步提供了与健康饮食相关的看法和知识，也许这些书会对你有特别帮助。如果你仍然找不到最适合自己的饮食，不妨咨询本地的整体疗法医师或自然疗法医师。

参考文献和延伸阅读

帕沃·埃罗拉《低血糖症：一种更理想的疗法》（1977年），亚利桑那州凤凰城健康多一点出版公司。

詹姆斯·巴克、菲利丝·巴克《营养治疗处方百科第二版》（1997年），纽约花园城公园艾弗里出版集团。（详尽全面的参考书）

鲁道夫·巴伦坦《饮食与营养：整体疗法》（1982年），宾夕法尼亚州洪斯代尔喜马拉雅国际学院。

安玛丽·科尔宾《食物与疗愈》（1996年），纽约百龄坛出版公司。（通俗易懂的营养书）

威廉·杜夫蒂《蜜糖之苦》（1993年），纽约华纳图书出版公司。（介绍低血糖症的经典畅销书）

艾尔森·M.哈斯《营养保健》（1992年），加州伯克利天艺出版公司。（翔实全面的入门级营养书）

约翰·罗宾斯《新美国饮食》（1987 年），新罕布什尔州沃波尔静点出版公司。

巴里·西尔斯《区域饮食法》（1995 年），纽约哈珀柯林斯出版集团。

迈克尔·蒂拉《草药之道》（1998 年），纽约口袋图书公司。（令人叫绝的草药参考书）

安德鲁·威尔《天然保健，天然灵药》（1995 年），纽约霍顿·米夫林出版公司。

安德鲁·威尔《自愈力》（1995 年），纽约福西特·哥伦拜恩出版公司。（安德鲁·威尔著作的另一本参考书，文笔上佳，介绍了他与许多人的谈话，从而探讨健康保健的替代疗法）

茱迪丝·沃尔曼《饮食与情绪管理》（1988 年），纽约常青图书公司。

第 5 章

处理你的性格问题

触发焦虑症的因素主要有三个：遗传、性格（受成长环境和童年经历的强烈影响）以及慢性压力（成年人日积月累的压力）。基因和性格问题会让你更容易受到恐慌或恐惧症的侵袭，不过真正激发这类心理疾病的要么是某个主要的压力因素（如至亲至爱去世），要么是一系列日积月累的生活压力。

在这一章，我想重点探讨我经常在焦虑症患者身上看到的性格问题。下面列出的六大性格特质定义了我称之为的"焦虑型人格"，绝大多数焦虑症患者都有以下的一两种性格特质：

- 过于渴望被认可
- 不安全感和依赖性过强
- 控制欲过强
- 完美主义
- 过于谨慎
- 幽闭恐惧症

焦虑症易感人群也有许多积极正面的性格特质，例如，有创造力、直觉敏锐、情感丰富、温和可亲。这些性格往往使他们轻而易举地博得亲朋好友的喜爱。不过，我们这一章的重点是探讨诱发他们焦虑情绪的负面性格特质。

焦虑易感性格通常与根深蒂固的特定恐惧相关，这种"核心恐惧"又往往源于童年经历或过去的创伤。对于绝大多数的焦虑症患者而言，这种恐惧始终隐藏在他们的忧虑和恐慌之下。上述六大性格特质的诱因就是这种核心恐惧，它们包括害怕被拒绝、害怕被抛弃、害怕失控、害怕伤病亡以及害怕被监禁。诱发焦虑症的其他恐惧当然也有，例如，害怕陌生未知、害怕失败、害怕无意义等，但我刚刚列举的五大恐惧是形成焦虑易感性格的最核心的因素。焦虑易感性格和核心恐惧之间亦会相互作用，具体如下：

焦虑易感性格	核心恐惧
过于渴望被认可	害怕被拒绝
不安全感和依赖性过强	害怕被抛弃
控制欲过强	害怕失控
完美主义	害怕被拒绝／害怕失控
过于谨慎	害怕伤病亡
幽闭恐惧症	害怕无路可走／害怕被监禁

　　你觉得自己符合哪一条或哪几条性格特质？你是否接受了焦虑症的心理治疗（尤其是认知行为疗法）？如果是，这些性格问题是不是解决了？有效的认知行为治疗也许可以帮你间接解决这些问题中的某一部分。举例来说，反驳并扭转诱发社交恐惧症的自动思维和错误假设也许可以帮你克服害怕被拒绝的心理；花点时间放松心情也许能帮你放下控制欲过强和追求完美主义的倾向。如果你有广场恐惧症，采取暴露疗法驱车到离家比较远的地方，也许有助于克服你的不安全感和依赖性过强的心理。毫无疑问，认知行为疗法有助于扭转焦虑易感性格，化解相关的核心恐惧，但问题在于其是否有足够的疗效。认知行为疗法往往主要针对性格中的认知因素（引

发焦虑的自动思维、心态和想法），但对于上述性格特质和核心恐惧背后的情感因素它就无能为力了。例如，不安全感和依赖性过强可能源于患者没有强烈的自我认同感，认知行为疗法对此束手无策。

在这一章，我们将探讨焦虑易感性格中的认知因素和情感因素，以及与自我价值相关的所有关键因素。

本章分为6个小节，与如何解决六大性格问题一一对应。每一小节在开头均会列出5个问题，帮助你评估自己是否有这一特定的性格问题，然后展开描述这些性格特质，并提出帮助你克服这些性格问题的对策。

过于渴望被认可：害怕被拒绝

请回答"是"或"否"（圈出你的答案）：

别人对我的看法至关重要。 是 否

别人一旦看清我的真实面目，就不会喜欢我了。 是 否

我希望所有人都喜欢我。 是 否

我应该始终展示讨人喜欢的一面——不能发脾气，不能有任何负面情绪。 是 否

我的自我价值源于我关爱他人，始终乐于助人。 是 否

过于在乎认可感源于在内心、在感情上认为自己有缺陷或毫无价值，于是便会隐隐地害怕自己不受人待见或被人排斥，从而想方

设法地讨好陌生人以及至亲挚友。在社交场合，你自惭形秽，总是一门心思地想给人留下好印象。你可能总是小心翼翼，唯恐言行失当，徒增尴尬。在和爱人、家人相处时，你也会不遗余力地照顾到其他每一个人的需求，不论怎么委屈自己都在所不惜。你可能很难和他人划定界限或说一个"不"字。因为你的自尊源于讨好他人，所以你倾向于委曲求全、透支自己。

过于渴望被认可往往因为成长时期父母过于苛刻。如果你经常被父母苛责或惩罚，很可能就会产生自卑心理。你不管怎么做，在父母看来都不够好。这样的孩子还可能为了扮演好父母心中乖孩子的角色，一点一点学会隐藏和忽视自己的真正想法和需求。如果你曾经渴望母亲或父亲的认可，成年以后你可能还会一如既往地极度在乎他人的认可。如果你小时候认为要赢得父母的接纳必须竭尽全力，长大后你可能仍然会拼命地取悦他人，就算牺牲自己的感受和需求也甘之如饴。除了父母的因素，自卑和害怕被排斥的心理也可能源于在学校的经历或者与同龄人在一起的互动经历。如果被其他的孩子排斥，被人贴上"不合群""古怪""个子太矮""心眼太多"等各种各样的标签，你可能也会产生自卑感或羞耻感。

无休无止地逢迎取悦他人，一味地牺牲自我，时间一长，你势必会憋出大量毒素，内心充满沮丧和怨恨。这种沮丧和怨恨便会不知不觉地成为滋生大量慢性压力和焦虑的温床。

过于在乎认可感（或害怕被拒绝）还有另外一个后果。一般而言，你可能会避免与他人亲近。你不会设法取悦他人以克服内心的羞耻感，反而会图省事，干脆远离他人拉倒。你深信自己毫无价值，无论怎么努力也无法赢得他人的认可，所以不如一意孤行。你害怕被人指责或露怯出丑，所以不敢加入群体，也不敢进入社交场合。你也不敢与他人走得太近，除非百分之百肯定对方会喜欢你。这种逃避模式的最终结果便是社交恐惧症——要么害怕特定的社交场合，要么对所有类型的社交场合都感到焦虑。

综上所述，过于渴望被认可或害怕被拒绝的表现形式有两种：一是过于委曲求全逢迎他人；二是逃避社交互动或不敢与他人亲近。如果这两种形式你兼而有之，也无须挂怀。这种问题相当普遍，而且也并非无解。

化解过于渴望被认可的心理

对于过于渴望被认可的客户，我有五大策略从容应对：

- 增强自我价值感，提升自尊
- 理性看待他人的认可
- 提升魄力
- 认识并放弃共同依赖[①]

---

① 共同依赖(Co-dependency)又称"共生""交互依赖""关怀强迫症""拖累症""关系成瘾症"，意思是"依赖别人对自己的依赖"。说得通俗一点，就是这样的人喜欢关怀别人，不去关心别人自己就难受；而且这种关怀、关心还非要别人接受不可，不管人需不需要。这种关怀，有时是物质上的帮助、生活上的照顾，有时体现为忠告建议。总之，他们是通过让别人需要自己，依赖自己，给予别人并不需要的关怀来确立自己的人生价值，获得心理满足。

通常来说，酒精或毒品成瘾者的配偶、父母、兄弟姐妹、朋友或者同事会有共同依赖症。最初，"共同依赖"这个词被用来描述药物成瘾者的伴侣，以及与成瘾症患者共同生活或与其处于某种关系（如亲子关系、伴侣关系、同事关系等）中的人。与慢性病人或精神病人处于某种关系中的人也会呈现相似的症状。但现在，这个词被广泛用来描述来自功能异常家庭的具有共同依赖特质的人。

- 如果可以的话，克服社交回避（社交恐惧症）

▶ 增加自我价值感，提升自尊

许多书都探讨过自尊这个主题（请参阅本章末尾的参考书目）。简而言之，自尊指的是你和自己的关系。你喜欢、尊重、信任、相信自己吗？如果喜欢自己，你对自己的缺点和优点都会泰然处之，不会过分苛责自己。你知道自己有个人需求，当然也会予以考虑和照顾。如果尊重自己，你会知道自己有尊严，你会视自己为一个独一无二的人。你会为自己的基本权利而战。你会争取自己想要的，亦会对自己不想要的勇敢说"不"。自我信任意味着你信任自己的身体、感受和行为。无论外部环境出现什么样的变化和挑战，你对自己的信任始终如一。相信自己意味着你深信自己配得上生活中的美好事物。你有为之奋斗的目标，而且也会为自己在生活中取得的成就而自豪。

本书在此无意详尽无遗地探讨如何提升自尊。我已在《焦虑症与恐惧症手册》中有过具体论述。

在提升自尊的关键方法中，我在此重点介绍以下几点：

- **腾出时间照顾自己的基本需求**。这包括对安全感、关爱、支持、尊重、精神滋养、触摸、亲密、成就感、嬉戏玩耍、自我表达和创造力的需求。你愿意将自己的需求放在与他人的需求同等的地位，至少你呵护自己的时间不会少于你打理房子和汽车的时间。

- **在生活中腾出一块空间用于建立稳固的支持系统**。除了直系亲属，你可以通过打造朋友圈建立一种社区感。这样的朋友圈有很多，例如，男性或女性互助小组、焦虑症患者互助小组、受虐幸存者或丧亲幸存者互助小组、成瘾症或共同依赖症患者互助小组等。如果你住的城镇太小，实在没有这样的组织，不妨通过当地教堂、服务机构或兴趣小组建立这样的互助小组。融入社区可以帮助你营造强烈的归属感。

- **找到自己独一无二的人生使命并付诸实践。** 建立自我价值感的一个重要途径是寻找和实现自己独一无二的人生使命。要想知道这个人生使命是什么，你先得找出自己的独特天赋和才能，然后通过职业或业余爱好将其发挥出来。你的独特天赋可能是激励他人、创作音乐、发挥领导力、提供建议或教书育人；也可能更简单一些，例如，在家款待亲朋好友或绿化装点自家的后院。重点不在于你的本领有多大，而在于你能认识到自己生而为人的使命，而且也愿意履行这个使命。事实上，充分了解自己之后，你会发现履行这个使命是你义不容辞的责任。在大多数情况下，你可能需要重回学校深造，接受专业培训，提升自己的专业技能和才华。或者你可能需要找一份能一展所长的工作，或者辅佐他人履行使命。在这个过程中，如果你感觉到了灵感和热情，你就会知道自己正在履行人生使命。你这样做并非出于某种外部目标，这个过程本身就能给你带来回报感。本书第 6 章将探讨如何寻找并发挥自己独一无二的人生使命。

▶ 理性看待他人的认可

如果他人不认可你，如果他人言行无状或对你横加指责，你会作何感想？你是否无法释怀——认为这进一步证明了你愚笨无能、一无是处？有的人过于强调认可感、始终渴望博得所有人的欢心，以下是这类人身上常见的一些心态特征，也可称为"讨好型人格"特征。每一种特征后面的"另一种视角"一般而言指的是一种更现实的观点。

讨好型人格： "如果别人对我不友好，那肯定是我哪里做错了。"

另一种视角： "别人对我不热情或不接纳我可能是因为别的，完全与我无关。例如，他们有烦心事、心情沮丧或工作太累都可能导致他们无法对我友好或接纳我。"

讨好型人格： "别人批评我，只能进一步证明我一无是处。"

另一种视角： "别人挑我的错处可能只是在投射他们自己的错处，他们羞于承认自己的错误，所以只能投射在我身上。人们往往会将自己的错误无意识地投射在别人身上，人性本如此。"

讨好型人格： "我觉得我是个很好的人，每个人都应该喜欢我，难道不是这样吗？"

另一种视角： "总会有人不喜欢我——不管我怎么曲意逢迎都没用。人们喜欢或排斥另一个人的过程往往是非理性的。"

讨好型人格： "我需要别人的认可和接纳，这对我至关重要。"

另一种视角： "我不一定非得赢得所有人的认可才能获得快乐、有意义的生活——如果我自尊自重，就更没这个必要了。"

下次被人排斥或拒绝时，请花点时间让自己冷静下来，好好想想对方不待见你到底是因为你言行失当，还是仅仅因为其他几乎或完全与你无关的事而心情不好找你撒气。然后再扪心自问，你是否要把别人欠考虑的言论或行为当回事？

▶ 提升魄力

提升魄力始于意识到自己的需求，即知道自己要什么。然后，你需要明白满足自己的需求无可厚非，你不必觉得自己是个自私的人，也不必害怕他人会因此而不喜欢你。等你最后明白你有权争取自己想要的，你才会有魄力。你得意识到自己生而为人的基本权利，而且愿意行使这些权利。

什么是生而为人的基本权利？它包括但不限于以下内容：

个人权利宣言

1. 我有权争取自己想要的。

2. 我有权对自己无法满足的要求或请求说"不"。

3. 我有权表达我所有的或正面或负面的感受。

4. 我有权改变想法。

5. 我有权犯错，我有权不完美。

6. 我有权遵循自己的价值观和标准。

7. 对于我自觉尚未准备好、不安全或违反我价值观的一切要求或事项，我一律有权说"不"。

8. 我有权决定我自己的优先顺序。

9. 我有权不为他人的行为、行动、感受或问题负责。

10. 我有权期待他人真诚。

11. 我有权对自己爱的人发火。

12. 我有权做独一无二的自己。

13. 我有权恐惧，我有权说"我害怕"。

14. 我有权说"我不知道"。

15. 我有权不为自己的行为提供解释或理由。

16. 我有权基于自己的感受做出决策。

17. 我有权根据自己的需求，要求私人空间和时间。

18. 我有权开玩笑，我有权不严肃。

19. 我有权比我身边的人更健康。

20. 我有权生活在一个安全的环境之中。

21. 我有权交朋结友，让身边的人轻松自在。

22. 我有权转变和成长。

23. 我有权要求他人尊重我的需求和要求。

24. 我有权享有尊严、得到尊重。

25. 我有权快乐。

建议将权利清单打印一份，贴在显眼的地方。每天花点时间通读一遍，认真思考每一条特定权利，这样坚持几周加深印象。

行事有魄力包括两个方面：你必须愿意争取自己想要的，对不想要的亦有勇气说"不"。提升魄力至关重要，因为行事缺乏魄力的后果往往是灾难性的，例如：

- 他人不知道你的需求，他们可能会对你的需求漠不关心或将他们的需求强加于你。

- 他人会利用你（如果你软弱无能，不敢设置边界或不敢说"不"则尤其如此）。

- 你会因为自己的需求无法得到满足而沮丧。

- 你最后会怨恨那些你渴望去爱的人，因为他们没有积极回应你没说出口的需求。

提升魄力意味着你在被动和攻击这两个极端之间取得平衡。

缺乏魄力或被动的行为意味着一味地屈从迎合他人的喜好，无视自己的权利和需求。你不表达自己的感受，不让他人知道自己的需求。这样一来，他人对你的感受和需求始终一无所知，你反过来还会责怪他们对你无动于衷，这样显然有失公平。被动的行为还意味着你提出自己的要求时会有内疚感，觉得自己有点咄咄逼人。如果你传递的信息让他人觉得你不相信自己有权表达自己的需求，他们可能会无视你的需求。焦虑易感人群往往是被动的，因为他们过于迫切地讨好、迎合所有人，他们也可能不敢坦诚地表达自己的需求，唯恐这样会把他们离开了就不能活的配偶或伴侣吓跑。

攻击性行为是另一个极端，它可能意味着用一种居高临下、咄咄逼人甚至苦大仇深的方式与他人沟通。有攻击性的人往往对他人的权利和感受漠不关心，他们会通过强迫或恐吓达到自己的目标。攻击借助纯粹的暴力而得逞，在这个过程中难免会树敌，引发冲突。它往往会将对方推到对立面，使对方撤退或反击，总之不可能合作。例如，假设你在公司想要争取某个项目，如果用攻击的方式告诉他人，你可能会这样说："那个项目铁定是我的。等老板在员工会议上提到这个项目时，你休想跟我争，不然我要你好看。"

许多人并没有明目张胆地表达其攻击性，相反，他们选择了被动攻击。他们不是大大方方地直面问题，而是采取消极抵抗手段，遮遮掩掩地表达具有攻击性的愤怒情绪。例如，你生老板的气，因此故意上班迟到。爱人的要求你不想乖乖照办，于是你故意拖延，或者不小心"忘了"。你不会争取自己真正想要的，也不会做自己真正想做的事，相反只会没完没了地哀号条件不成熟，抱怨你缺少这样或那样的资源。被动攻击型人士很少得到自己想要的，因为他们从来都不说自己想要什么。他们的行为往往会令他人愤怒、困惑甚至深恶痛绝。还是举前面的例子，如果你是被动攻击型，你想在公司争取某个项目，这时你可能会说和你竞争的某位同事不够格，或者你会对同事这样说："有朝一日我会拿到更有分量的项目，我才懒得在公司跟你这种人争。"

和上述的行事方式相比，有魄力的行为意味着在不否定、不攻击或不操控对方的前提下，简单直接地提出自己的要求。你坦诚直接地表达自己的感受，与此同时亦能给他人以尊重和体贴。你能够维护自己以及自己的权利，与此同时不会有任何内疚感，也不认为自己有道歉的必要。你有了魄力，他人和你相处也会更自在一些，因为他们知道你的底线在哪里。他们会因为你的真诚和坦率而尊重你。有魄力的人不会居高临下或颐指气使，他们只是简单直接地提出自己的要求，例如，"我很想拿到这个项目"或"我希望老板能将这个项目交给我"。

魄力是一种可以学习掌握的技巧。《焦虑症与恐惧症手册》中专门有一章"提升你的魄力"，我在其中详细介绍了提升魄力的相关指南。这方面的书籍还有几本非常经典，例如，罗伯特·艾伯蒂与迈克尔·埃蒙斯合著的《你的天赋权利》、莎伦·鲍尔与戈登·鲍尔合著的《坚持你自己》。另外，你在当地的大学或成人教育中心也许可以找到提升魄力的课程。

▶ 放弃共同依赖的心理

正如前面所定义的那样，"共同依赖"型行为意味着牺牲自己的需求和喜好，一味地迎合他人。你的自我价值取决于呵护、取悦甚至"拯救"或"改造"他人。

请查看以下语句，将符合你的描述勾选出来：

_____如果我在乎的某个人希望我去做某件事，我就应该应允照办。

_____我绝不应该发脾气或不耐烦。

_____我绝不能做任何惹他人生气的事。

_____我应该让我爱的人永远快乐。

_____如果我在乎的人生我的气，一般而言肯定是我的错。

_____我的自尊源于帮他人解决问题。

_____我总是为了取悦迎合他人不惜过度透支自己。

_____为了维持我和爱人的关系，必要的时候我可以将自己的价值或需求放在一边。

_____不吝付出是我获得自信的最重要的途径。

_____害怕他人生气对我影响极大，甚至影响到了我的一言一行。

如果你勾选的语句达到三条或以上，你很可能得解决自己的共同依赖问题。

在人际关系中采用共同依赖的心理，其后果是敢怒不敢言、怨恨沮丧以及个人需求永远得不到满足。你压抑自己的感受和需求，直至完全意识不到，但它们往往会重新浮出水面，只是这时已变身为焦虑——尤其是慢性持久的焦虑症。共同依赖问题的长期影响是挥之不去的压力、疲惫、倦怠，直至最终升级为严重的生理疾病。

从根本上来说，摆脱共同依赖需要学习自尊自爱。它意味着你照顾自己的需求所花的时间至少和照顾他人的需求所花的时间一样多。它意味着设置边界，让他人明白你最多能做到哪一步或忍耐到什么限度。它意味着学习在必要的时候说"不"。请认真学习以下宣言清单，这是你提升自尊、摆脱共同依赖心理的第一步。你也许需要通读这份清单（或听一遍这份清单的录音），一天听一次，连续听几周。你也可以把对你而言最重要的一两条宣言抄写下来，字要抄大一些，贴在显眼的地方。

- 我要学着照顾自己。
- 我发现我自己的需求也非常重要。
- 我应该多花时间呵护自己，这对我有好处。
- 我要在照顾自己的需求和关爱他人之间找到一个平衡点。
- 只有先把自己照顾好，我才能更好地关心他人。
- 争取自己想要的无可厚非。
- 我要学着接受自己本来的样子。
- 必要的时候对别人的要求说"不"情有可原。
- 我没必要完美，更没必要让所有人都接纳我喜欢我。
- 我可以改变自己，但我得接受我无法改变他人的事实。
- 我没必要为他人的问题负责。
- 我应该给予他人足够的尊重，并相信他们有能力为自己负责。
- 在不能满足他人的期望时，我没有必要内疚。
- 关心同情他人固然是一种优良品质，但为他人的感受或反应而内疚于事无补。
- 我要学着爱自己，每天多爱一点点。

要想克服共同依赖倾向，也许你可以读一读这方面的经典书籍，例如，梅洛迪·贝蒂的《放手：走出关怀强迫症的迷思》或罗宾·诺伍德的《爱得太多的女人》。此外，不妨考虑参加本地的"共同依赖"互助会，学习他们的12步自助计划，克服自己的共同依赖心理。如果你的共同依赖心理已根深蒂固，找一位经验丰富的心理医生治疗也许会有帮助。

在克服共同依赖心理的过程中，有一条核心底线必须牢记，那就是你应该允许自己有照顾自己的需求。上面的那份宣言清单中，我发现有一条对于这个问题尤其有效，它就是：

只有先把自己照顾好，我才能更好地关心他人。

▶ 战胜回避社交的心理（社交恐惧症）

如果你与他人保持距离或远离人群是因为害怕被拒绝，下面有几条纠正措施不妨一试。首先是最重要的一条，那就是你必须建立自我价值感（具体如前所述）。此外，你还可以借助认知行为疗法采取三种特定的干预措施：

- 社交技能培训
- 渐进式社交场合暴露法
- 认知行为团体治疗

如果你置身于大大小小的社交场合时总是手足无措，不知如何与人攀谈，也许社交技能培训会比较适合你。你可以和家人或心理医生通过角色扮演使用社交技能，学习如何主动攀谈聊天、问长问短、认真聆听、保持目光接触、畅所欲言等，并最终运用自如。你也可以借助角色扮演假装自己置身于一些更有针对性的场景，例如，面试工作、在派对上和人寒暄或邀请心仪的人出去约会。在朋友或心理医生陪练的帮助下掌握了这些技能并且有了自信之后，则可以开始在现实生活中放手一试。

渐进式社交场合暴露法意味着安排一系列你准备去做的特定活动，你可以在心理医生的帮助下去做，也可以自己单独做。这些活动按由易到难的顺序排列，以下是一个典型的顺序排列示例：

主动攀谈

1. 给两家商店打电话，问他们店里有没有某件商品。

2. 拨打某个咨询热线，向对方介绍自己的情况。

3. 参加小型聚会，说出自己的名字。

4. 参加小型聚会，随便说两句话。

5. 在几个朋友的陪伴下，重复步骤 3 和 4。

6. 参加社交聚会，在现场待 20 分钟。

7. 和 6 相同，但必须在现场待一个小时，别人找你攀谈时要回答。

8. 和 7 相同，但你必须主动找人攀谈，至少两次。

9. 排队的时候和不认识的人主动攀谈。

10. 在购物中心里随便走近某个人，与对方攀谈聊天。

也许你也可以针对某种特定的行为制订一个由易到难的层级方案，将这一行为分解为一系列的步骤。例如，如要学习如何约心仪的姑娘出去，也许可以先找征婚机构介绍的姑娘练习一番，然后再在派对上走近"目标"真正攀谈。如需了解社交场合暴露法的更多详情，请参见《社会性死亡：社交焦虑症和社交恐惧症自助手册》（请参见本章末尾"参考文献和延伸阅读"）。

认知行为团体治疗也许是战胜社交焦虑症的绝佳途径，同时也能化解你害怕融入群体的心理，不过前提是你居住的城市得有这样的互助小组。在这样的小组中，你可以学着挑战和反驳引发社交恐惧症的思维（类似于"我会自取其辱""届时我不知道该说什么，别人肯定会觉得我是个神经病""如果别人看到我脸红了怎么办"等自述式念头）。此外，你还可以练习攀谈、表达自己的想法、保持谈话不冷场、争取自己想要的、应对批评以及与融入群体相关的其他活动。在这样的互助小组环境中，你可以不断练习之前畏之如虎的活动，从而渐渐脱敏，获得自信。如果当地没有认知行为团体治疗这种互助小组，你仍然可以找专业治疗社交焦虑症或社交恐惧症的心理医生练习。然后，你可以在各种各样的群体环境中学以致用，先开始在自己认为比较容易应付的场合一展所长，然后再循序渐进，直至在高难度的场合活学活用。举例来说，如果你要学习发言或表达自己的想法，可以先在课堂或研讨会上练习，最后再在"祝酒达人"①俱乐部里（或类似的公共演讲培训）畅所欲言。

战胜经年累月的羞怯感或社交恐惧症需要坚持不懈的努力和水滴石穿的毅力。也许找一位精于治疗社交焦虑症和社交恐惧症、经验丰富的认知行为治疗师，在他或她的指导下可以少走一些弯路。目前严重的社交恐惧症除了心理治疗，患者还需服用帕罗西汀等SSRI类药物（或氯硝西泮等苯二氮平类药物）。对于许多患者而言，心理治疗和药物相结合似乎非常有效。

---

① Toastmaster，1924年成立于美国的一个演讲培训俱乐部，其成立初衷是希望每个美国人都能成为酒会或派对上一端起酒杯就能妙语连珠的祝酒达人。该机构已在122个国家成立了1.4万个俱乐部，坐拥29万会员。

不安全感和依赖性过强：害怕被抛弃

请回答"是"或"否"（圈出你的答案）：

我害怕独处。 是 否

如果没有人爱我，我会觉得自己一无是处。 是 否

如果爱人抛弃我，我会痛不欲生。 是 否

如果爱人遭遇不测，我觉得自己没法独活。 是 否

身边有人陪着，我才能真正开心起来。 是 否

不安全感和依赖性过强以及害怕被抛弃是焦虑症人群身上比较常见的问题，广场恐惧症患者尤其如此。如果你身上有这些特征，你可能很难独立，没有他人言之凿凿的保证劝说或建议，你甚至很难自己做决定。你不敢与身边的人意见相左，因为你害怕失去他们的支持。你可能缺乏自信，如果没有爱人支持打气，你很少会一个人主动积极地去做一件事。对你而言，拥有一段能全心依赖的亲密关系至关重要，这甚至关系到你的生存。你害怕这样的亲密关系一旦失去，你整个人就会"瘫痪"或生活无法自理。

不安全感和依赖性过强的根源五花八门，不一而足。一般而言，它们都可以追溯到童年时期。从我的临床经验来看，最常见的引发这种不安全感（和害怕被抛弃的心理）的童年经历包括：

童年时期亲人缺失

如果由于死亡或离婚，你的童年生活缺失了父亲或母亲，你可能会产生被抛弃的感觉。在成长的过程中，空虚感和不安全感亦会逐渐充斥你的内心，长大成人后，一旦失去爱人，童年的不安全感便会重新激活，变得无比强烈。身为成年人，你可能也想摆脱这种挥之不去的被抛弃感，但你的方法也许不对，你变得过于依赖某个特定的人，或者依赖食物、药物、工作或任何能帮你掩盖这种痛苦的成瘾手段。你可能不敢离开自己的舒适区或某个让你觉得安全的人，这种现象在广场恐惧症患者身上尤为常见。你可能很难维护自己的权利，因为你害怕把自己无比依赖的人就此推开。

父母的虐待

身体虐待或性虐待是剥夺的极端形式，它们可能会让你产生种种复杂的感受和心理，包括不安全感、依赖性过强、自卑感、缺乏信任感、内疚和／或愤怒。童年遭遇过身体虐待的成年人可能永远都有受害者心理，永远唯唯诺诺，不敢捍卫自己。童年受虐的幸存者长大成人后往往很难和人建立亲密关系，这一点也是可以理解的。言语虐待虽然不见血，但它的伤害效果毫不亚于身体虐待。

父母酗酒或吸毒

最近这几年，市面上出现了许多探讨父母酗酒对孩子的影响这方面的书。酗酒或吸毒会导致家庭氛围动荡混乱，在这样的环境中，孩子很难产生最基本的信任感或安全感。随之而来的往往是父母双方通通拒绝承认问题，这让孩子无形中学会了拒绝承认自己的感受以及由家庭问题引发的痛苦。许多这样的孩子长大后不仅缺乏安全感，而且自我价值偏低，个人认同感较差。事实上，他们很容易产生本章探讨的几乎所有的问题：过于渴望被认可、控制欲过强、过于谨慎、责任心过强和完美主义。

父母失职

有的父母天性自私凉薄，或者忙于工作或其他事务，无暇给予孩子足够的关爱和照护。这种天生地养的孩子长大后往往缺乏安全感、自尊心过低和／或觉得孤独。身为成年人，他们可能习惯于忽视或无视自己的需求；他们很容易过于依赖他人，总是可怜巴巴地讨取童年时从未获得的关爱。

父母拒斥

虽然没有身体虐待、性虐待或言语虐待，有的父母却能让孩子觉得自己是多余的，这种伤害力极强的态度会让孩子长大后始终怀疑自己存活于世的意义。这样的人往往有自暴自弃或自我糟践的倾向。他们既害怕被人抛弃，也害怕被人排斥。不过对于童年如此不幸的成年人而言，如能学着关爱他人，治愈父母的伤害也不是没有可能的。

父母过度保护

被过度保护的孩子也许永远都学不会信任直系亲属之外的世界，也永远无法承受独立的风险。长大成人后，他们也许会缺乏安全感，不敢离开自己的舒适区或某个让他们觉得安全的人。当他们感觉外面的世界危机四伏时，可能会自然而然地停住向外探索、风险自担的脚步。他们往往有过度担心的倾向，总是忧心忡忡于自己的安全。如能学着承认自己的需求并勇敢捍卫且予以满足，被过度保护的人也许就能获得自信，创造属于自己的生活，并最终发现这个世界并没有自己想象的那么可怕。

克服不安全感以及依赖性过强、害怕被抛弃的心理

在帮助客户克服不安全感和依赖性过强的心理的工作中，我运用的基本策略一共有四条：

- 提升自我价值
- 提升魄力
- 培养灵性
- 直面回避心理和恐惧心理

▶ 提升自我价值

克服不安全感和依赖性过强的心理需要强大的自我价值感（自尊）。我上面列出的四条策略中有三条都在前面的一小节"过于渴望被认可：害怕被拒绝"中提过，不过在这里侧重点有些不一样：

- 照顾你的个人需求。如果你幼时没有得到应有的关爱和支持，现在可能需要一点点"自我抚育"。我说的"自我抚育"指的是自己扮演一位称职的父亲或母亲的角色，善待呵护自己。自我抚育的方法有许多种，其中之一是每天花一点时间优待或善待自己。简而言之，你得将工作和家务放在一边，留一点滋养自己的时间。

与自己建立相亲相爱的关系和与他人建立亲密无间的关系在本质上没有什么不同，两者都需要时间、精力和承诺。经常抽一点"沉淀时间"（用于放松休憩的时间）便是爱自己的方法之一，以下清单列出了一系列滋养自己的简单活动。当外部生活环境"风刀霜剑严相逼"时，我们尤其有必要在坦然自我宠溺而无须内疚的前提下给自己留一点滋养时间。

自我滋养活动

1. 泡热水澡。

2. 在床上享用早餐。

3. 洗桑拿。

4. 享受按摩。

5. 给自己买束花。

6. 洗泡泡浴。

7. 逛宠物店，逗弄小动物。

8. 在风景优美的地方散步（这可能需要开车去公园）。

9. 逛动物园。

10. 做美甲。

11. 停下来欣赏路边的花，闻一闻花香。

12. 花一点时间欣赏日出日落。

13. 如果外面天寒地冻，坐在室内的壁炉旁放松。

14. 慵懒地读一本好书、翻杂志和／或听轻松的音乐。

15. 出去租一部喜剧片录像。

16. 播放自己喜欢的音乐，跟着音乐独自起舞。

17. 提早上床睡觉。

18. 在星空下睡觉。

19. 给自己放一天"精神健康假"，暂时远离工作。

20. 给自己做一份丰盛的一人食大餐，就着烛光慢慢享用。

21. 闲坐，喝一杯自己喜欢的花草茶。

22. 和一位或多位好友煲电话粥。

23. 去自己最喜欢的餐厅吃饭。

24. 去海边（或湖边、山里等）放松身心。

25. 一边开车一边看风景。

26. 冥想。

27. 买几件新衣服。

28. 逛书店或唱片店，想待多久就待多久。

29. 给自己买一只毛绒公仔，自己一个人玩（你内在的小孩会因此而感谢你）。

30. 给自己写一封积极乐观的信，寄给自己。

31. 请一位特别的人来宠溺自己（喂你吃饭、给你拥抱和 / 或为你读书）。

32. 给自己买一份价格在承受范围之内的大礼。

33. 去看一场精彩的电影或表演。

34. 去公园喂鸭子、荡秋千，体验一些自娱自乐的活动。

35. 逛博物馆或其他一些好玩的去处。

36. 不管做什么事，都给自己多留一点时间（让自己有空偷懒磨蹭）。

37. 玩自己喜欢的拼图或智力游戏。

38. 泡在热水浴缸或按摩浴缸里放松。

39. 录制一份给自己加油的录音。

40. 写下实现某个目标后快乐的场景，然后想象那幅画面。

41. 读一本励志书。

42. 给一位老朋友写信。

43. 烘焙或烹制一份特别的美食。

44. 只逛街，不买东西。

45. 逗弄宠物。

46. 倾听积极向上、鼓舞人心的录音内容。

47. 准备一份特别的日记本，专门记录自己的成就。

48. 给自己全身涂抹香氛身体乳。

49. 运动。

50. 抱着自己喜欢的毛绒公仔闲坐。

● 建立一个直系家庭之外的支持系统。缺乏安全感或依赖心理过强的人往往只依赖爱人或家人以满足自己所有的情感需求，他们甚至可能会用自己与这一位爱人或亲人的关系来定义自己。因此，他们的内心往往充满恐惧，不敢在时间或空间上与自己爱的人分离。如果他们的这位亲人或爱人发生不测，他们会觉得自己的生活难以为继。这类人往往很难有自己独立的兴趣、目标和追求，因为他们的生活永远都围绕着自己的亲人或爱人。

你是不是有几分符合这样的描述呢？如果是，你应该减少自己对直系家庭的依赖，可以在家庭之外建立朋友圈，也就是你自己的支持系统。长期友谊可以为你的生活提供稳定感和连续感，无论直系家庭内部出现什么样的动荡，你的世界都不会就此崩塌。而且，这样的朋友也可以给你提供信心，让你确信即使亲人或爱人遭遇不测，你也不至于无依无靠。

你可以加入社区组织、参加男性或女性互助小组、焦虑症互助小组、共同依赖症互助小组、成瘾症互助小组、受虐幸存者互助小组等，以打造人脉、建立自己的支持系统。

- 建立强烈的个人认同感。如果你过于依赖他人（或害怕与他人分离），则需要设法独立，找到属于自己的生活。如果建立了强烈的个人认同感，你就不会那么容易产生不安全感和害怕被抛弃的心理。有一份让你能够发挥所长的工作非常重要，这可以帮助你打造自我身份感，做家庭主妇或主夫在这里也不失为一种选项。与此同时，你也应该有自己的兴趣和爱好，以发挥你独一无二的天赋和创造力。第6章《寻找你的独特使命》提供了一份问卷，可以为你的人生找到使命感和方向感。探索自己独一无二的人生使命（你能为这个世界所作的贡献）是建立个人认同感的关键因素，无论这个使命是大是小都同等重要。一旦找到这个使命或目标，你的生活便会注入一股全新的灵感和热情，对他人的依赖自然就会减少。

▶ 提升魄力

有权利意识、能够直接争取自己想要的并对自己不想要的勇敢说"不"，这些都是具有魄力的具体体现。当你越来越自信，对他人的依赖越来越少时，则会自然而然地变得更有魄力，因为你充分尊重和信任自己。如需了解具体详情，请参见前面的一小节"过于渴望被认可：害怕被拒绝"中探讨魄力的内容。

▶ 培养灵性

培养灵性可以给你带来诸多疗愈效果和益处。与更高力量建立关系可能不会治疗特定的强迫症或恐惧症，却能提供精神支持、勇气和信念，帮助你坚定实施克服焦虑症所需的所有功课。它当然也能帮助你克服害怕被抛弃或害怕孤独的心理，而且有助于增强你内在的安全感。

你可以认为"更高力量"是一种超越了你的个人自我以及人类事物法则的存在或现实。这个存在在西方社会里叫"上帝"，在其他地方可能叫其他的名字，可能是某种特定的存在形式（如耶稣），也可能是某种抽象的存在形式（如万物中的"生命力"或当下的"永恒存在"）。我们每个人对这种"更高力量"都有自己的定义。你可能已对自己特定的宗教信仰有了比较成熟的了解，或者此时此刻正打算深入了解一番。"更高力量"的存在无法用理性或逻辑来证明，只能根据你自己的个人经验以个人的方式来诠释。与"更高力量"建立关系需要付出努力和心血。如果你愿意为此付出，收获灵感和指引、继而获得安全感的概率相当之大。

本书将在后面的三个章节"放手""灵性"和"打造你的愿景"中进一步探讨亲近更高力量、与更高力量建立关系的各种方法。

▶ 直面回避心理和恐惧心理

要想克服不安全感和依赖性过强的心理，最理想的方法之一是直面你唯恐避之不及的东西。如果你回避乘坐飞机、公共演讲、在高速公路上开车或独自在家等外部情境，则应该尝试"渐进式暴露疗法"。这是一个渐进的过程，你需要通过一系列层层加码的小步骤逐渐面对自己所害怕的情境，这时你往往需要一位伙伴的陪伴和支持。如需了解实施暴露疗法的详细信息，请参见《焦虑症与恐惧症手册》。

如果你的恐惧更倾向于内在的层面，例如，害怕愤怒或悲伤，害怕过去的创伤记忆或害怕自己无法在生活中取得成功，则可能需要专业心理医生的帮助，让他们帮助你逐渐接受和容纳自己拒绝承认的一面。经过心理治疗后，你会更有安全感，从而有勇气化解内心痛苦不堪或不敢独自探究的感受、记忆或潜在创伤。一般而言，人有了足够的安全感才会有勇气面对自己一直竭力回避的痛苦。一旦决定直面自己的恐惧，请务必主动寻求支持和援助，无论这种恐惧是什么。总之，你的恐惧越少，就会越自信，越有安全感，继而越豁达、越淡定。

控制欲过强：害怕失控

请回答"是"或"否"（圈出你的答案）：

只有我才能解决我自己的问题。	是　否
我不能让别人和我太亲近，我害怕被他们控制。	是　否
我很难依赖别人的帮助。	是　否

感觉"失控"是我能想象的最可怕的情境。　　　　　　　是　否

我喜欢把自己的生活和事务管理得井井有条、头头是道。

　　　　　　　　　　　　　　　　　　　　　　　是　否

　　害怕失控归根结底与信任问题脱不了干系，你很难淡定释然，且全心全意地信任人生，因为人生就其本质而言是不可预知、飘忽不定的。所以，你对这种不确定的反应就是永远保持警惕，很容易就对事情或对其他的人掌控过度，不给对方自然而然地进化发展或做出反应的时间。完美主义是害怕失控的亲密盟友，这是一种将标准设置得过高且过于关注小瑕疵和小过失的倾向（请参阅本节后面的小节"完美主义：害怕被拒绝／害怕失控"）。

　　害怕失控的心理往往源于个人创伤史。任何一种导致你对人生的感知不再稳定、不再可预测的创伤经历都可能会在你的内心注入一种对失控的恐惧，如果这种经历让你惊恐或无助则更是如此。举例来说，幼时父亲或母亲突然离开或离世可能会让你脆弱恐惧，对任何一种有可能损害你最基本的安全感和稳定感的事或人都会害怕。如果父亲或母亲酗酒导致你童年的家庭成天鸡飞狗跳，你也许会变成一个控制欲极强的人。毕竟在童年时，采用铁腕死命控制似乎是关乎你生死存亡的必要手段。

　　任何一种严重的创伤（无论源于童年时期还是成年时期）都可能导致你对人生产生警惕感和不信任感。经历过严重创伤的人往往会变得控制欲极强，或进化出控制型人格。对于这类人而言，当整个世界分崩离析时，铁腕控制似乎是维持稳定表象的唯一手段。

克服控制欲过强的心理需要时间和不懈的努力，以下四大策略也许会对你有帮助。

接纳

接纳意味着更坦然地适应人生中的种种不确定性，适应日常生活中或大或小的突如其来的变化。人生难免遭遇自己无法预测也无法掌控的变化，你的生活环境、他人的行事方式或你的健康状况都可能出现这样的变化。也许你可以找到应对这些变化的资源，但永远都无法做好准备。这些变化有时可能会让你的生活混乱无序甚至完全失控，学着接纳意味着愿意采取顺其自然的生活方式。你不再恐惧那些事与愿违的状况，而是学着顺应变化，也就是人们常说的"顺其自然"和"泰然处之"。总而言之，接纳意味着不抵触。

该如何学会接纳？正如下一节所述，放下完美主义，这就是一个非常好的开始。愿意放下不切实际的期望可以让你少受诸多失望之苦。放松也是其中的一个关键秘诀。你越放松，等情势突然出现变化、与你的期望相悖时，你就越不可能恐惧张皇，浑身竖起戒备的刺。等到放松之后，你整个人便会淡定起来，这样接纳种种不尽如人意之处就会容易得多，你不会再死命抵触。定期的冥想练习有助于放松，降低控制欲。第 7 章 "冥想" 提供了一些切实有效的从容应对人生挫折的方法，可以教你做一个旁观者，静看日常生活中的起落浮沉，不必急于做出反应。

最后，我建议你对人生持一点幽默感，这可能大有助益。当周遭的一切变得混乱无序时，幽默可以让你后退几步，从旁观者的角度冷静看问题。如果你的心态足够放松，还能对这种貌似失控的状况自嘲一番的话，你的反应会开始从"噢，我的老天！"转变为"呃，天要下雨，地要泥泞，由他去吧！"笑对人生的缺憾会让你的人生之旅更轻快、更顺畅。

以下有几条宣言可以帮助你逐渐学会接纳：

- 我要学着顺其自然。

- 放手没有关系，我要相信事情自会有转机。

- 我可以放松一点，生活难免出现一点无序和混乱，我应该学会忍受。

- 我要学着不把我自己或者我的生活看得太重。

这些宣言也许可以每天读一遍或者抄写下来，字不妨抄大一些，贴在家里显眼的地方。

培养耐性

控制欲过强的人往往巴不得生活中的所有问题都能在第二天早上全部迎刃而解，然而这并不现实，棘手的状况不可能那么快就解决。问题往往有千头万绪，需要一段时间一点一点地解决。培养耐性意味着你得允许自己忍受暂时的混乱和无序，等待解决办法的所有必要环节一步一步呈现出来。等到具备一定的耐性后，你就能学着放手，等待时机渐渐出现。你开始相信人生自有其法道，不再管头管脚地控制人生道路上的每一步。

相信绝大多数问题最终会自动解决

除了培养耐性，你还得学会相信问题会自动解决。你可能不会轻而易举地找到某个特定问题的解决方案。如果你觉得自己有必要在事情解决之前就想出对策，那只会陷入无穷无尽的焦虑。俗话说得好：
"人生是一条蜿蜒的河流——你不可能总能看清弯道那头的风景。"
学会信任意味着相信一切问题差不多最终自有出路。要么你会找到解
决方案，要么在问题无法从外部解决的情况下学着改变自己的心态，
更从容地面对挑战。等你回头再看这一生遭遇的问题时，你会发
现其中的绝大多数甚至是全部其实最终都是自动解决的。

完美主义：害怕被拒绝 / 害怕失控

请回答"是"或"否"（圈出你的答案）：

如果我的学习或工作表现不能达到最优，我就无法满意。

是　否

对我而言，在这个世界上取得辉煌成就至关重要。　　是　否

我必须永远都比别人强（我对自己要求极高）。　　是　否

我对错误的容忍度极低，对自己的错误尤其无法容忍。　是　否

如果事情和我预想的差出一分一毫，我便会抓狂。　　是　否

完美主义是焦虑症人群的一个共性。它不仅与害怕失控的心理密切
相关，而且与低自尊以及害怕被拒绝的心理有着千丝万缕的联系。

完美主义是一种对自己、对他人以及对生活期望过高乃至于
脱离现实的倾向。任何事情只要与期望不符，你便会失望沮丧或百
般挑剔。完美主义也可能让你过度专注于自身或自身成绩中一些微

不足道的瑕疵或错漏。你在强调缺点之余，往往会低估和忽视优点。

完美主义是引发低自尊的常见根源。它可能导致你吹毛求疵，对任何努力都不屑一顾，并深信这世上的一切都不够好。它亦会导致你把自己逼得疲惫不堪，心力交瘁，饱受慢性压力的肆虐。完美主义每次在你耳边低语，叫你"应该"这样、"必须"那样时，驱动你的往往只是焦虑，而不是健康自然的渴望和意愿。你越追求完美，就越有可能陷入焦虑的深渊。

战胜完美主义需要从根本上扭转三观。以下有七大原则可以帮助你着手扭转心态。

放弃"自我价值取决于个人成绩和成就"的想法

外在成就可能是社会衡量一个人的"价值"或"社会地位"的标准。但你真的愿意让社会对你生而为人的价值一锤定音吗？要知道，你的价值是既定的。人们认为宠物和植物具有与生俱来的价值，它们仅仅是存在就具有价值。作为人类，你也有同样的与生俱来的价值。你得承认并肯定一个事实，即无论你有无外在成就，你原本就是一个值得被爱、值得被认可的人。如果你非要用标准来衡量自己，不妨把社会定义的价值替换为"学习关爱他人"和"增长智慧"这两个价值。

认识并克服完美主义思维

完美主义的表达方式在于你内心的声音。完美主义心态有三种思维模式，它们分别是"应该/必须思维""非此即彼思维"以及"以偏概全思维"。以下是与每一种思维模式相关的自我陈述以及与之相对应的更客观的反驳陈述。

完美主义思维模式

思维模式	反驳陈述
应该 / 必须思维	
我应该把这件事做好。	我会尽我所能。
我绝不能犯错。	犯错在所难免。
非此即彼思维	
这全都错了。	不可能全都错了。其中的一部分是没有问题的，只是另一部分需要注意。
我觉得自己一文不值。	觉得自己一文不值只是一种感觉。我明明有许多优点和才能。
以偏概全思维	
我总是成事不足，败事有余。	我并非总是成事不足，败事有余，这不客观。对于这个具体的事例，我会复盘一遍，采取必要的纠正措施。
这个任务我永远都做不好。	我可以化整为零，只要坚持下去，假以时日完成目标并不是问题。

　　用一个星期的时间关注自己的"应该 / 必须思维""非此即彼思维"以及"以偏概全思维"的具体事例。脑海中每次冒出这类思维时，请把它们记在笔记本上。焦躁不安或不堪重负的时候，你会对自己说什么？要特别留意一些类似于"应该""必须""务必""始终""绝不""完全"或"毫无"这类的字眼。用一个星期记录这些完美主义的自我陈述后，请针对每一条陈述撰写相应的反驳陈述。在随后的几个星期中，经常通读你写的反驳陈述，鼓励自己树立客

观现实的人生观，消解内心的完美主义思维。

停止放大细微瑕疵的重要性

完美主义最病态的问题之一在于它会迫使你只盯着微不足道的瑕疵和错误。完美主义者很容易因为一个几乎不会产生任何直接后果，更不用说有任何长期后果的细微错误对自己百般苛责。你可以好好思考一下，你今天犯的这个错误一个月之后还有多大影响？一年之后呢？在 99.9% 的情况下，这个错误人们转头就忘。不经历错误或挫折，就不可能真正地学习提高；不经历一番摸爬滚打，也不可能收获辉煌的成就。

多关注积极的一面

完美主义者纠结于微不足道的瑕疵和错漏，往往会低估自己的成绩。他们选择性地无视自己取得的任何值得肯定的成绩。要想抵消这种负面心态，你可以在一天结束时盘点自己取得的值得肯定的成绩。不妨多回顾一下，你采用了什么样的方式或多或少地帮助了他人或善待了他人？你朝着达成目标之路迈出了哪些小步？你还做了哪些值得肯定之事？你收获了什么样的心得？

注意"但是"这个词，你是否经常用这个词否定积极的一面？例如，"这次实践课让我受益匪浅，但快下课的时候我突然焦虑起来了"。请学着在评价自己的态度和行为时停止使用"但是"。

制定切实可行的目标

你的目标是切实可行的，还是高不可攀的？你觉得你为自己制定的目标换了别人来实施，是否就能成功实现？有时，你很难意识到某些目标过于高远，乃至于脱离实际。这时你应该找好友或专业顾问一同分析实际情况，确定某个特定目标是否切实可行，是否值得为之奋斗。你对自己、对这个世界是否期望过高？你可能需要根据时间、精力和资源的制约因素，将自己的一些目标稍做调整。如果你对自己的自我价值判断真正源于内在，而不是你取得的成就，你便能做出正确的判断。接受个人的局限性才能真正实现自尊自爱。

在生活中注入更多娱乐和消遣

完美主义常常让人严格自律，克己复礼。为追逐外部目标，你不惜牺牲自己做人的需求。从根本上来说，这种倾向会扼杀人的活力和创造力，而娱乐消遣——寻找生活中的乐趣——则可以抵消这种不良倾向。

苏族印第安人有一句至理名言："人们去世后扪心自问的第一句话是——'我生前为什么要这么一本正经？'"你是否把自己太当回事，不给自己预留休闲娱乐、嬉戏休憩的时间？你该如何多留一点时间用于休闲娱乐？要想改变这一点，不妨每天抽一点时间，至少做一件愉悦身心的小事。

培养以过程为导向的心态

参与体育运动时，你是为了赢而参与，还是仅仅为了享受体育运动本身？在日常生活中，你是觉得不做人上人就不配活着，因此不惜一切代价拼命力争上游，还是享受过好每一天这个过程？

绝大多数人都发现（年岁渐长后对这一体会尤其深刻），要想在生活中收获最大的快乐，最佳途径莫过于重视过程，而不是只盯着成果或成就。有一些俗话高度概括了这个理念，例如，"旅程比终点更重要""停下来，闻一闻玫瑰的花香"。

过于谨慎：害怕伤病亡

请回答"是"或"否"（圈出你的答案）：
我不愿尝试新生事物，如果有受伤的风险那就更不用说了。

　　　　　　　　　　　　　　　　　　　　　　　　　是　否

我时常担心小病小恙会演化为重症。　　　　　　　是　否
一想到我自己或其他人有死亡的风险，我就不寒而栗。　是　否
我常常担心家人会遭遇不测。　　　　　　　　　　是　否
我认为自己过于谨慎，不敢冒险。　　　　　　　　是　否

焦虑易感人群常常过于谨慎，任何有一丁点受伤风险的场合他们都会竭力避免。他们也有可能对自己的健康过于敏感，一丝一毫的身体不适在他们看来都是严重疾病的征兆。他们不敢乘坐飞机或在高速上驾驶，虽然这也有幽闭恐惧症的原因，但主要还是害怕伤亡。这种心理还会产生另一个问题，即过于担心亲人的安危，总觉得自己一旦缺席，亲人就会遭遇不测。

如果你曾和死神擦肩而过，或遭受过伤害或伤痛，这样的创伤记忆可能会让你过于谨慎，总是害怕可能引发类似创伤的任何场合。

如果你的亲人或爱人不幸离世，你也可能对死亡过于敏感或恐惧，这包括自己或他人的死亡。我有两位客户的父母都因为慢性病而溘然长逝，他们随后便患上了疑病症——害怕任何一点小微小恙演变为癌症或不治之症。如果你生于难产或出生时差一点殒命，那么怕死的心理也许从出生时便已种下。

因害怕伤病亡而导致的过于谨慎的心理可能会严重限制你的行动。你可能觉得这个世界危机四伏，于是便不敢充分享受多姿多彩的生活。过于渴望安全不仅会让你的生活乏味无趣，也会限制你发挥自己的全部潜能。

接受"人必有一死"的事实

害怕伤病亡的人应全盘接受"人必有一死"的事实。在现实中，我们谁也不能保证噩运不会降临在自己头上——我们每个人最终一定会走向死亡。学着接受这个事实并坦然面对它可以让你充分享受生活，而一味地装聋作哑或东躲西藏只会让你瞻前顾后，诚惶诚恐，连一丁点儿的风险都不敢冒。

与怕死情结和解的最佳途径莫过于不要沉溺其中，也不要否认"人必有一死"的事实；只需承认它、尽情投入生活即可。害怕伤病亡最终会导致你害怕这辈子没有好好活过；如果活了一辈子都没有好好把握生活提供的各种机遇，差不多就等于虚度人生。你越积极参与丰富多彩的活动（包括从外出享受美食这样的小事一直到类似开发自己的创意和天赋这样的大事），就越容易接受死亡。把握当下都能帮助你更轻松地接受死亡这一现实。

学习冒险

该如何消解过于谨慎的心理？该如何走出舒适区、主动承担生活中的更多风险？增强自我价值感是至关重要的第一步，具体如前所述。请参阅本章前面介绍的自我价值的内容，复习如何消解过于渴望被认可以及不安全感和依赖性过强的问题。一旦树立了自信心，就有必要在现实生活中练习如何承担一些轻中度的风险。

如果你想增强自己的冒险能力，先以表格的形式列出你准备在生活中承担的一些风险，按照从易到难的顺序排列，然后根据列表逐项实施。如果冒险时有亲朋好友作陪可以给你壮胆，那就想方设法请他们帮忙。如要最大限度地提升自己的冒险能力，建议冒险时一定要谨慎小心，尽可能获取你需要的任何支持，然后按照自己的节奏贯彻始终。等你从小冒险中获得自信之后，开展大冒险也就变得切实可行了。

以下是一些与人身风险相关的冒险示例：

1. 在平路上骑行

2. 在上坡和下坡路上骑行

3. 滑冰

4. 轮滑或滚轴溜冰

5. 在乡村小道上骑摩托车

6. 在初级滑雪道上滑雪

7. 激流泛舟

8. 在繁华街头骑摩托车

9. 在中级滑雪道上滑雪

10. 低空跳伞

疑病症

疑病症是害怕伤病亡引发的一个独特症状。有疑病症的人总是怀疑自己身患重病，于是没完没了地找医学权威机构诊断。如果你对医生的诊断结果不甚满意，你会找另一位医生继续诊断，甚至再找第三个、第四个乃至于第五个医生。疑病症是一种错误地寻求安全感的方式。它只会适得其反，无休无止地寻求诊断只会让你更焦虑。最有效的行为治疗方案当属反应预防（强迫症的治疗也是如此）——只需停止找医生诊断即可，等时间慢慢过去，你会渐渐脱敏，疑病症导致的焦虑便再也无法击倒你。另外，建立内心的安全感（具体如前所述）也非常重要。建议运用认知疗法找出基于害怕疾病的恐惧思维并予以反驳，这会大有助益。由于疑病症似乎和强迫症息息相关，因此治疗严重病例往往需要服用 SSRI 类药物。

幽闭恐惧症：害怕被幽禁或监禁

请回答"是"或"否"（圈出你的答案）：

遇到必须停下来等待的场合（如等绿灯、在超市排队结账），我往往都会焦虑不安。　　　　　　　　　　　　　　　是　否

我避免乘坐火车、公交、商用飞机等公共交通工具，或者害怕乘坐这类公共交通工具。　　　　　　　　　　　　　是　否

我在封闭的环境中或人群中总会浑身不自在。　　　是　否

我常常觉得自己被生活中的某种境况（如工作、婚姻、家庭责

任、健康或债务）深深套牢。　　　　　　　　　　　　是　否

我很难对某人或某事做出长期承诺。　　　　　　　　　是　否

　　害怕被幽禁的心理可以分为多种不同的恐惧症，其中包括害怕乘坐飞机、害怕乘坐电梯、害怕人潮汹涌的公共场合、害怕狭窄封闭的地方（幽闭恐惧症）、害怕被困无路可走（如遭遇堵车，置身于桥上、隧道中，或者乘坐公共交通工具）。在所有类型的恐惧症中，我深信幽闭恐惧症的表象之下往往隐藏着对其他事物的恐惧，有些心理医生称其为"错位"恐惧心理。

　　如果你成长于不正常的家庭（如父母有体罚行为或性侵行为，或者有可能酗酒），你可能会害怕自己"无路可逃或陷入绝境"。一个走投无路、只能忍耐种种虐待的孩子在幽闭的环境中很容易产生恐惧。

　　如果你的幽闭恐惧症源于童年时期真正被幽禁、被束困的创伤经历（包括难产创伤），你可能需要找专业的心理医生治疗创伤后应激障碍，届时可能有必要回忆具体事件，充分表达出你当时的感受，然后重新评估或重新诠释该事件的意义，这样才能放下过往，继续好好生活下去。在这一过程中，催眠疗法、眼动脱敏与再处理疗法（EMDR）[①]等方法也许会比较有效，具体请参见《焦虑症与恐惧症手册》。

---

① Eye-Movement Desensitization and Reprocessing，又称"眼动身心重建法"，是由弗朗辛·夏皮罗在 20 世纪 90 年代创建的心理治疗方式。其做法是让心理创伤患者重新回想痛苦的事情，而治疗师给予双侧刺激，例如，让眼睛左右移动，或是手部敲击。这种疗法可以在一定程度上改善创伤后应激反应的症状。

根据我治疗客户的经验，诱发幽闭恐惧症的往往是当下的状况，而非过往的经历。这种恐惧可能是某种意义上的一种隐喻，意味着你在当下有被束缚、被围困的感受，束缚围困你的东西可以是你的工作、感情关系、经济制约、生理局限甚至日程安排。一旦把生活中的这些问题处理好并放下，你会突然发现你可以更淡定地面对高峰堵车和超市排队。我不是否认暴露疗法的重要性，这种疗法在治疗情境恐惧症方面还是很有效的。不过患者在采用暴露疗法之余，也要解决当下生活中源于人际关系或现实问题的约束因素，这样才能确保长期的康复效果。如果你的恐惧症表现形式只是单纯地觉得自己走投无路，你可能得扪心自问，你的受困感是否具有一种更广泛的意义？你当下的生活是否有问题？

　　最后，幽闭恐惧症可能只是因为你行动不便，觉得自己被身体所束缚。焦虑的时候，你的肌肉迅速绷紧，身体自然而然地做出"战斗或逃跑反应"[1]。然而，如果你行动不便（如坐在飞机上靠窗的位置或在收银台前排长队），你可能会突然产生无路可走的绝望感。这时你腹部、胸部、肩部和颈部的肌肉都会绷得紧紧的，却无法通过血液循环积极疏导交感神经唤醒反应或肾上腺素激增反应，因此在某种意义上你相当于"动弹不得"。只要感觉足够强烈，你便会视这种情况为一种诱陷，而不仅仅是暂时受限——如果你告诉自己"我被套牢了"则尤其如此。

---

[1] 在远古时代，当我们的祖先遇到大型并且危险的动物时，需要迅速决定是进行战斗还是逃跑，同时，人体会释放肾上腺素到血液中。这就是 1929 年美国心理学家怀特·坎农发现的人体的"战斗或逃跑反应"，它指的是人遇到威胁时生理出现的本能反应。

到了这个时候，你的恐慌可能会全面爆发，继而无比迫切地渴望逃离。如果能轻松走动的话，也许你不会产生这种套牢感以及对诱陷的恐惧。

从我的个人经历来看，应对这种情境最有效的方法莫过于听从身体的召唤，尽可能地走动。如果你在收银台前排长队，这时可以放下购物袋，离开超市几分钟，到外面四处走走，然后再回来。如果你被困在高速公路上的车流之中，可以尽可能地把车停在路肩上，下车走动一下。如果你坐在飞机上，则可以起身去洗手间，然后再回来，如有必要不妨重复几次。如果你系着安全带，且不能离开座椅，这时可以抖一抖腿，拧一拧毛巾，写一写日记，总之，要做点什么疏导体内过度的唤醒反应。你可以不断告诉自己，"这种限制状态很快就会结束，到时候我就能起身自由活动了""没什么可怕的——我马上就能自由活动了"或"我可能暂时受限制，但绝不是'被诱陷'，这样想可一点都不客观"。你越客观地评估所处的状况（只是暂时受限制，而不是被诱陷），你就越不可能焦虑。

如果你的幽闭恐惧症已成为一个问题，你必须剔除隐藏在问题之下的病根。你的恐惧是否源于过去的创伤？它是否暗示你当下的生活中存在某种困境？或者只意味着你将自己暂时受困的情况错误地夸大了？对你而言，以上几种可能性也许同时存在。等找到恐惧的根源之后，你便能更好地战胜它。

现在应该怎么做

1. 我希望你阅读本章后，能对引发你焦虑症的任何潜在性格问题有更深的了解。我已介绍了应对这些问题的多种方法。如果你自学能力极强，很可能可以自行运用这些方法。下决心自学、自助是最重要的第一步。不过对于许多人而言，在一对一的心理治疗和团体心理治疗的背景之下解决性格问题往往最简单易行。该如何寻找医术精良的心理医生？你可以请做过心理治疗的朋友推荐，也可以咨询美国焦虑症协会，请他们帮忙找一位擅长治疗焦虑症的本地医生。评估疗法的终极标准是你的直觉——治疗方法让你觉得舒服吗？你是否觉得真的对你有帮助？如果最开始的几次心理治疗让你觉得不舒服，不妨换一位心理医生（或心理治疗团体）。除了心理疗法，你还可以参与"焦虑者匿名会""抑郁者匿名会""共同依赖者匿名会"等12步"匿名会"组织处理自己的性格问题。你本地的酗酒者匿名会可能有这些其他的12步组织的列表。此外，你也可以参考《自助资源工具书》寻找数百个自助机构的列表以及它们的免费求助电话（请拨打973-625-7101联系自助资源库）。

请参考以下几点以决定下一步该怎么走。首先确定本章介绍的六大性格特质及其各自引发的核心恐惧心理有哪些适用于你的情况。

2. 如果你的问题是过于渴望被认可或害怕被拒绝，你很可能需要提升自尊，请参阅《焦虑症与恐惧症手册》以及本章末尾所列的约翰·布拉德肖和纳撒尼尔·布兰登的书籍。如果你觉得自己需要提升魄力，请参阅参考书目中罗伯特·艾伯蒂和迈克尔·埃蒙斯合著的书籍。要是你家附近有魄力提升课程的话，不妨考虑一下。如果你的取悦欲过强乃至于不惜牺牲自己的需求，也许可以参考梅洛迪·贝蒂或罗宾·诺伍德的书籍，要么也可以考虑加入本地的"共同依赖者匿名会"。如果你害怕与人交往或有社交恐惧症，请参阅菲利普·津巴多和芭芭拉·马克韦的书籍。另外，也可以考虑找一位擅长治疗社交恐惧症的心理医生。

3. 如果你的问题是缺乏安全感、依赖性过强和 / 或害怕被抛弃，则非常有必要提升自尊，你可以采取自助的方式，也可以找一位经验丰富的心理医生。请参阅"自我滋养活动"列表，找出至少一件你可以每天坚持执行的活动。如果你觉得自己过于依赖爱人或家人，可以试着建立一个直系家庭之外的支持系统。最后，如果你觉得在这个世界很难找到自己的定位，不妨参阅第 6 章"寻找你的独特使命"。如果你害怕被抛弃的心理根深蒂固，而且源于过往创伤经历，也许可以找一位医术精湛的精神治疗医师试试。

4. 如果你的问题是控制欲过强，请参阅第 8 章"放手"以获得进一步的帮助。

5. 如果你的问题是完美主义，则可以实施战胜完美主义的七大原则。另外，也可以参阅参考书目中马丁·安东尼和理查德·斯文森合著的书籍。

6. 如果你的问题是害怕伤病亡，则需要和自己的怕死心理和解，增加自己冒险的勇气；你可能也需要找一位心理医生帮你。

7. 根深蒂固的恐惧往往源于过往经历。如果你的焦虑症或恐惧症源于童年创伤经历，且采用认知行为疗法（包括系统暴露疗法）治疗的效果差强人意的话，也许可以找一位专业治疗过往情感创伤的心理医生。举例来说，有的心理医生就擅长治疗遭遇过生理虐待、性虐待或情感虐待的受害者。在这一过程中，催眠疗法、眼动脱敏与再处理疗法（EMDR）等特定疗法有时也值得一试（请参阅《焦虑症与恐惧症手册》）。

参考文献和延伸阅读

罗伯特·艾伯蒂、迈克尔·埃蒙斯《你的天赋权利》（1995 年），修订版，加州圣路易斯 – 奥比斯波市影响力出版公司。

马丁·安东尼、理查德·斯文森《你唯一的缺点就是太完美了》（1998 年），加州奥克兰新先驱者出版公司。

艾伦·贝丝、萝拉·戴维斯《治疗的勇气》（1994 年），第三版，纽约哈珀柯林斯出版集团。

梅洛迪·贝蒂《放手：走出关怀强迫症的迷思》（1987 年），旧金山哈珀 – 哈泽尔登出版公司。

艾德蒙·伯恩《焦虑症与恐惧症手册》（2000 年），第三版，加州奥克兰新先驱者出版公司。

莎伦·鲍尔、戈登·鲍尔《坚持你自己》（1976 年），马萨诸

塞州雷丁市艾迪生 – 韦斯利出版公司。

约翰·布拉德肖《治愈束缚你的羞耻感》（1988年），佛罗里达州迪尔菲尔德海滩健康传媒出版公司。

约翰·布拉德肖《回家吧，受伤的内在小孩》（1990年），纽约矮脚鸡图书公司。

纳撒尼尔·布兰登《自尊心理学》（1969年），纽约纳什出版公司。

苏珊·杰弗斯《感受恐惧，放手去做》（1987年），加州圣地亚哥哈科特 – 布雷斯 – 乔万诺维奇出版公司。

芭芭拉·马克韦、谢丽尔·卡明、埃里克·帕罗德和特雷莎·弗林《社会性死亡：社交焦虑症和社交恐惧症自助手册》（1992年），加州奥克兰新先驱者出版公司。

马修·麦凯、帕特里克·范宁《自尊》（1992年），第二版，加州奥克兰新先驱者出版公司。

爱丽丝·米勒《与原生家庭和解》（1983年），纽约基础图书公司。

休·米西迪《探索你内心的往日幼童》（1963年），纽约西蒙与舒斯特出版公司。

罗宾·诺伍德《爱得太多的女人》（1985年），纽约口袋图书公司。

曼纽尔·史密斯《我说不，没有对不起谁》（1975年），纽约戴尔出版公司。

查尔斯·怀特菲尔德《治疗内在的小孩》（1987年），佛罗里达州庞帕诺海滩健康传媒出版公司。

珍妮特·沃伊提兹《酗酒家庭的成年孩子》（1983 年），佛罗里达州好莱坞健康传媒出版公司。

菲利普·津巴多《害羞心理学》（1990 年），马萨诸塞州雷丁市艾迪生 – 韦斯利出版公司。

第 **6** 章

寻找你的独特使命

引发焦虑症的根源多种多样，在现代社会中，最常见的根源之一是缺乏个人意义。找不到人生的意义通常反映的是某种程度上的自我异化。在这种情况下，人往往会向外寻找满足和刺激，而不是向内寻找。追求物质目标、关注外表、沉溺于成瘾性刺激也许都可以填补内心的空虚，但它们往往会让人浮躁乃至于形成慢性焦虑。外部的解决办法也许能够奏效，但治标不治本——它们提供的是一种权宜之计，而非斩草除根。

重建人生意义的关键在于找回迷失的自我。其中的一个关键步骤是找回自我与生俱来的创造力表达形式。你独一无二的创造力并非你创造的某种作品，它是你与生俱来的，很可能童年时这种创造力就已在你身上初露峥嵘。遗憾的是，教育、社会化和成长创伤可能会阻碍你与生俱来的天赋和才能，导致其无法显现。如果你走得太远，找不到内心最深处的创造力源泉，最后很可能就会流于平庸，整日穷忙不已，陷入无谓的焦虑。找回自己的独特创造力（我在这里指的是你的独特人生使命）可以极大地帮助你战胜自我异化的问题乃至于焦虑症。等找到人生使命、全面发挥出创造力时，生活便不再空虚，各种恐惧亦会一扫而空。寻回你的独特使命将重启你的人生意义，帮助你更主动、更积极地向内——而不是向外——寻找生命的火花。

定义"人生使命"

"人生使命"是什么？如果向内寻找，你会发现它是你在人生中实现"不留遗憾、问心无愧"必须做的某种任务。它独一无二，只属于你一个人，不可能被复制、被模仿，只有你才能完成。你独一无二的人生使命源于你的内在，和你的父母、伴侣或朋友几乎毫无关系，尽管他们可能要求你履行这类使命。它是你最珍视的某种东西，其表现形式可以是特定的才华、天赋或技能，也可以是特定的欲望。在履行使命的过程中，你会发现自己独一无二的充盈生活的方式。

一般而言，人生使命是某种超越了个人自我有限需求的东西。它是"利他"的，对超越你个人的某个事物或某个人产生影响。你的人生使命可以是养育子女或为社区贡献力量，也可以是将自己从个人经历中学习掌握的知识传授给他人。履行人生使命的时候，你的生活会呈现出一种超越自身利益的全新意义。

从玄学的角度来看，人生使命是需要完成的一项关键活动或工事。各个宗教似乎都有"人生使命"这个玄学概念。基督教称它为"感召"，印度教称它为"个人佛法"。玄学认为，人生使命是上天注定的，基于这个使命的天赋和才能则尤其如此。从上帝的视角来看，早在你出生之前，这个使命就已注定，甚至已被安排得明明白白。你降临人世之时便肩负着某种独一无二的任务，它就是你的人生使命。你可以选择是否履行你的独特使命，也可以选择如何履行，这是你的自由意志。然而，这种潜力隐藏在你的灵魂深处。如果你的生活只围绕着个人私欲，只顾着身体需求和自我需求，你也许会一而再，再而三地感觉生命中缺失了什么，隐隐地总有缺憾之感。从某种程度上来说，等你发现了自己的独特使命并开始履行之时，你很可能会体会到一种正确感，从而找到人生方向。听从人生使命的召唤可以为人生指明正确方向，你不再有如无根之草，也不会为了逃避空虚而漫无目的地穷忙。你不再需要追求外部物质世界的快乐，因为你已开始步入"正轨"，履行你与生俱来的使命，并从中收获越来越多的来自内心的满足。

履行独一无二的人生使命是你疗愈自己并最终修成正果的关键一步，这意味着更多地听从灵魂深处的清音，而不是听从私欲私求的杂音。因此，你开始离自己的创造力越来越近。

在此我有必要强调一点，你的人生使命并不一定要宏大高尚。和质量相比，它的影响力反而不重要。你的使命可以是养家糊口、为某个社会事业或政治事业贡献力量，也可以是收养受伤生病的小动物。此外，它也可以是某种艺术追求，例如，绘画、演奏乐器或写诗；也许在青年组织做志愿者或在学校授课都可以履行你的人生使命。

一般而言，在解决自己的一些性格问题之前（具体请参见第5章），你的人生使命并未明确显现。在完全履行人生使命之前，解决与父母之间的未解心结、处理好你的财务需求和安全需求、克服社交恐惧症以及学习提升自己的魄力也许都是你的一部分"地基工事"，需要事先夯实。如果不解决好你的性格问题和人际冲突，充分释放你的潜能，你的创造力很难展露全部峥嵘。事实上，和发挥独一无二的创造力一样，勇敢面对你的性格问题并加以解决也是你降临人世的使命之一。在你的人生使命中，相当关键的一部分在于做好必要的心理功课，处理好个人需求，以找到自己的身份认同感和自我价值感（这并不是说你不能在解决性格问题的同时发挥独一无二的创造力）。

探索你的人生使命

如果你目前感觉不到自己的人生使命，那该如何追寻它的踪迹？下面这份问卷可以激发你的思维，帮助你规划自己独一无二的目标。你的答案也许可以给你一些启发，让你找出这辈子要做的最重要的事是什么。至少给自己一整天时间好好思考这些问题，并写下答案。你甚至可以思考一个星期或者一个月。等找到答案之后，不妨做一些观想练习，想象等你真正实现了自己的独特使命后生活会变成什么样。另外，我也建议你找一位密友或心理顾问分享答案，请对方点评，提供一些反馈。如果履行这个使命需要转变职业，也许你应该找一位职业顾问帮你参考。如果需要重回学校深造，也许你需要找学校的学术指导顾问谈一谈（请参阅本章的小节"履行你的人生使命"）。

人生使命问卷

1. 我目前的工作是不是我真正想做的？如果不是，我该采取什么步骤找到能给我带来更多个人满足感的工作并切切实实地去做？

2. 我对自己的受教育水平是否满意？我是否渴望回学校深造，进一步接受培训？如果是，我该如何朝着这个方向走？

3. 如果我不得不停留在目前的工作岗位上，我是否有任何爱好或副业可以提升自我？

4. 我是否有发挥创造力的渠道？我生活中是否有任何领域可以发挥我的创造力？如果没有，我可以做什么样的易于激发创造力的活动？

5. 什么样的兴趣或活动可以激发我的热情？我天生喜欢做什么事（包括独自做、和家人朋友一起做、室内或室外做的事）？

6. 如果能够随心所欲的话，我想做什么样的工作（为了更好地回答这个问题，先假设金钱、目前的工作和家庭都不会限制你）？

7. 我想实现什么样的成就？我要取得什么样的成就才能在自己活到 70 岁时觉得这辈子活得充实圆满，不枉此生？

8. 我该做些什么，无论有多么微不足道，才能让这个世界变得更美好？

9. 我最重要的价值观是什么？对于我的人生而言，什么样的价值观最有意义？以下是一些价值观的示例：

家庭美满	物质成就
友谊	事业成功
健康	个人成长
内心的宁静	心灵觉知

为他人服务　　　　献身于社会事业

10. 有没有什么东西是我无比珍视但尚未完全体验或未在生活中真正实现的？如果我要真正实现我最重要的价值观，我需要做出什么样的改变，或者我要承担什么样的风险？

11. 我有没有尚未完全挖掘或显露出来的独特天赋或技能？如果要挖掘和显露出我的独特天赋或技能，我需要做出什么样的改变，或者我要承担什么样的风险？

12. 基于以上问题，我觉得我最重要的人生使命包括（一一列举）。

13. 在追求和实现人生使命的旅程中，有什么样的障碍会阻挡我的脚步？

14. 为扫除问题 13 中的障碍、继续前进以实现我的独特使命，我愿意在一个月内、一年内以及三年之内付出什么样的努力？

一个月内：

一年内：

三年内：

寻找人生使命的指引

为帮助你思考《人生使命问卷》中的问题，我提供了以下指引，也许对你会有所助益：

1. 你最想做什么？最想成为什么样的人？请倾听自己内心的声音。

2. 请务必将专属于你的目标与父母、爱人、朋友或他人对你的期望区分开来。只有你才知道自己真正的使命是什么。

3. 你的人生使命可以是你的实际职业，也可以不是。它也可以是你的爱好、娱乐或副业。

4. 有的自我对话比较消极，可能会一味地打破你内心的梦想或憧憬，例如：

"这个梦想不足以支撑我的生活。"

"现在重回校园太晚了。"

"这个梦想的代价太昂贵了。"

"这不切实际。"

"他们不会同意的。"

"我没有这个天赋。"

"我没有时间。"

"这太费劲了——简直难于登天呢。"

"没有人会对我的梦想感兴趣，别瞎想了。"

这样的语句往往是非常好的线索，你可以通过它们找到自己隐藏得最深的使命或"个人梦想"。

5. 请记住一句名言："生活既然给了我们梦想，自会给我们实现梦想的能力。"

6. 请内心的智慧指引你探寻并找到人生使命。在内心最深处，你已深知这个任务或使命到底是什么。

7. 在追逐梦想或实现人生使命的道路上，神奇的巧合常常会发生，让你进一步确信自己走对路了。

8. 你要知道，实现人生使命可能需要承担风险，放弃你现在所熟悉的某些舒适区。你愿意冒险吗？如果不愿意，你该如何获得相应的支持？

观想你的人生使命

摸索出人生使命的脉络之后，请想象一下，等完全实现使命后，你的生活会怎样？然后在一张白纸上写下想象的情景。你可以为每一个使命设计一个单独的观想情景，也可以设计你所有的人生使命一旦实现后的情景。观想情景描述得越详细越好，可以包括届时你住在哪里、做什么样的工作、和谁在一起、每天有什么样的活动以及你寻常的一天是如何度过的。等你细致地写完观想场景之后，请将所写内容读出来并录音，最好用自己的声音。也许你可以先录几句请自己放松身心的话，然后再录正文。定期、持续地观想实现人生使命之后的场景有助于激励你真正实现使命（请参阅第 10 章 "打造你的愿景" 以了解具体详情）。

履行你的人生使命

开展必要的研究

如果你正考虑改行，也许可以找职业顾问帮你勾勒全新的职业选择。如果你已经知道自己想要什么，请参阅 1996 年版的《职业展望手册》（本地图书馆一般都有这本书），找到你心仪的行业，了解入行要求和工作前景。如果你准备追寻的使命是一种爱好，例如，天文学、园艺或古董收藏，请在图书馆或网络上收集这方面的资料信息。你还可以找已从事你感兴趣的职业或副业的专业人士好好聊一聊。

获取必要的技能和培训

进入一个全新的行业往往需要接受再培训或再教育。如果你需要接受正式培训，当地有这种培训吗？你可以通过函授或实习（给业内资深人士做学徒）获得再培训吗？你愿意挤出再培训的时间吗？学习油画或钢琴这样的爱好需要一两年的专业训练，你得上课或请私教。你履行人生使命所需的必备技能不可能瞬间掌握，这通常需要一段时间的强化学习和 / 或强化培训。

持之以恒

对你而言，比实现人生使命更重要的事很可能屈指可数。要知道，任何值得为之献身的事业都需要时间、心血和自律。无论这个使命是从事全新的职业或爱好、为更大的社区贡献力量，还是治疗你的慢性疾病——你独一无二的人生使命都需要始终如一的付出，倾注源源不断的心血。许多崇高的理想之所以付诸东流，主要原因不是缺乏灵感甚至技能，而是缺乏贯彻始终的毅力。

提防消极的自我对话

请继续提防那些阻碍你实现人生理想的心态或自我陈述，它们往往都非常消极。我在前面的"寻找人生使命的指引"第 4 条中就列出了这样的自我陈述，它是任何人实现人生使命的征程上最臭名昭著的绊脚石。请运用以下肯定性陈述反驳内心批评的声音或怀疑的声音：

- "我接受自己，亦相信自己。"
- "我是一个独一无二、极富创造力的人。"
- "我有独一无二的天赋，只有我才能将它发挥出来。"
- "我有实现理想（或梦想）的能力。"

相信自助者天助之

你极富创造力的独特使命是你降临于世必须履行的天职，与使命相关的灵感源于你内心深处的灵性。因此你大可放心。

每天留出一些时间

履行人生使命需要时间和心血。将基于理念和灵感的使命付诸实践需要你每天留出一些时间深耕细作。如果你仍处于初期阶段，则需要腾出时间探索你的使命，或做一些必要的研究以找出实现使命的路径。如果你正处于学习如何履行使命的阶段，这也需要日复一日的努力，直至成功掌握必要的知识和技能。

最后，真正履行使命需要定期付出心血、时间和努力。不过到了这个阶段，你肯定会甘之如饴。

尽管本章篇幅不多，但不要低估它的重要性。如果你觉得自己的生活缺乏意义和方向感，请多花一点时间细读本章，并参阅参考书目中的书籍。寻找和履行你极富创造力的独特使命不仅能够帮助你缓解内心的挣扎，化解焦虑情绪，还能帮助到他人。正如纳尔逊·曼德拉所说的那样：“你是上帝的孩子，你的碌碌无为无益于世界。”

现在应该怎么做

1. 你知道自己独特的人生使命是什么吗？请使用《人生使命问卷》厘清这辈子你最想做的事是什么。

2. 回顾"履行你的人生使命"这一节。如果你已准备好行动起来履行你的独特使命，你打算采取什么样的步骤（例如，学习相应的技巧、咨询已从事特定职业或拥有特定爱好的专业人士、在百忙之中拨出时间培养创造力等）：

下月计划：

明年计划：

3. 如决定改行，你可能需要采取以下步骤：

找一位你敬重的职业顾问（或在本地大学上职业规划课探索各种职业选项）。

探索各种各样的职业选项时，建议：

- 阅读《你的降落伞是什么颜色的？》《职业展望手册》等书籍，了解形形色色的职业。

- 找已从事你感兴趣之职业的专业人士好好聊一聊。

- 将职业选项缩小至一个特定类型的工作（在这个过程中，可设法获取你需要的任何帮助）——要想实现目标，心无旁骛至关重要。

获取从事你选择的行业所需的教育或培训：

- 看看你所在的城市有哪些场所提供培训（本地图书馆是一个非常好的信息资源中心）。

- 在相应的学校报名上学，或报名参加相应的培训项目。

- 如果上学或培训需要脱产学习，可以试着申请教育助学金或贷款。

- 完成你的学业或培训（尽可能半工半读）。

在你感兴趣的行业寻找入门级职位：

- 获取招聘信息资源（专业或行业的新闻通讯、期刊、校友组织、报纸求职热线都是非常好的资源）。

- 写专业、规范的简历。

- 申请工作。

- 参加面试。

- 开始新工作。

参考文献和延伸阅读

理查德·博尔斯《你的降落伞是什么颜色的？》（1997 年），十速出版公司。

芭芭拉·J.布雷姆《寻找你的使命》（1991 年），加州门罗公园克里斯普出版公司。

劳伦斯·洛杉《人生的转折——癌症的身心自疗法》（1989 年），纽约杜登出版社。（尽管本书针对的是患癌读者，但同样适用于渴

望重启生活、履行人生使命、发挥创造力、为人生增加更多意义的其他任何人。书中的案例分析非常有启发性和教育性）

《职业展望手册》（1996 年），美国劳工统计局 / 华盛顿特区政府印刷局。

内奥米·史蒂芬《寻找你的人生使命》（1989 年），新罕布什尔州沃波尔静点出版公司。（书中提供丰富多样的实战练习，可以帮助你找到自己的独特使命）

第 7 章

冥想

在古代，人们认为冥想是一种超越人类苦难、重新连接人生精神层面的方法。几千年以来，东方哲学一直在教导我们，人类痛苦的根源在于我们的惯性思维和反应（认知疗法中的术语"自动思维"和这个概念极其相似）。生活中的任何事物都有其两面性，关键在于我们的思维和反应本身。如果我们后退几步，以旁观者的视角看待我们的反应模式，我们就能摆脱痛苦。从东方视角来看，冥想是一种实现自由或"解脱"的绝佳方法，可以帮助我们摆脱头脑制造的种种痛苦。

冥想如何帮助我们实现自由？简而言之，它可以"放大"或"拓展"我们的意识。根据定义，意识是一种我们所有人都有的纯粹的、无条件的觉知状态。它存在于我们后天习得的惯性思维模式和惯性情绪反应的"后面"，或在习得这些惯性思维和反应之前就已存在。这种意识一直幽居于我们的头脑之中，往往会被构成我们每时每刻之日常体验的内心杂音和/或情绪反应所蒙蔽。只有当我们平心静气、愿意"顺其自然"（而不是不择手段）时，这些在我们习得惯性思维和感受之前就已存在的纯粹意识才会重见天日。

要想放大或拓展意识，我们只需允许自己进入更大程度的意识。意识是一个从小到大排列的连续体，因此我们可以进入不同程度的意识领域。事实上，我们的语言就有一些字眼能够非常贴切地描述这些不同程度的意识，例如，"心胸狭窄"和"心胸开阔"。

另外，还有一个词也可以帮助我们理解意识程度的概念，它就是"深度"。更大的意识往往与更大的深度密不可分。我们称小意识的想法"浅薄"，称大意识的想法"深远"。根据我的观察，意识没有边界，因此它的深度和广度均可无限拓展。在意识增长的过程中，它可以不断地扩大或深化，没有穷尽。东方哲学认为，内心最深处的意识相当于一座桥梁，可以将人与"更高力量"相连接。这个"更高力量"指的是感知，在其他语境中指的则是"宇宙心"（哲学家斯宾诺莎和黑格尔的说法）或"宇宙意识"（精神病学家理查德·莫里斯·巴克的说法）。你的个人意识在内心深处汇入或流入一个无边无际的更大的意识，有如一滴水流入大海。等你拓展或深化自己的意识后，便开始进入一个更深更广、更海纳百川的意识。请记住，要想拓展自己的意识，你其实什么也不用做，只要平心静气，这种境界自然便会出现。

事实上，冥想是拓展、深化意识的绝妙方法。它可以帮助你摒弃惯性思维模式和感受模式，让你开始体会到内心最深处与生俱来的意识一点一点上浮直至重见天日。你无须害怕内心幽深处的意识，因为它天生就超越了恐惧本身，甚至在恐惧这种情绪出现之前就早已存在。

意识得到拓展之后，你的内心便开始摒弃妄念，水波不兴。在平和心态的基础之上，无条件的大爱、睿智、深识远见和喜悦等其他非后天习得的状态便随之而来。就其本身而言，平和心态完全不需要后天修炼，它一直都在，就在你内心深处，如果沉心静气，允许它浮出水面，你就会发现它就在灯火阑珊处。冥想练习是最直接、最有效的手段。

冥想练习可以帮助你拓展意识，直到它超越恐惧思维或情绪反应。等到你的意识超越了恐惧之后，你便不再被恐惧所裹挟，而且能在思维上跳脱出来，做一个简简单单的旁观者，仿佛你渐渐与更大的意识融为一体，从而摒弃了被恐惧思维所限制的小意识。当你继续练习冥想、拓展意识之后，你便能够在持续的基础上更轻松地看清构成体验的思维和感受，届时你会发现它们有如源源不断的河流。与此同时，你也不会轻易被它们所"裹挟"，不至于迷失其中。

你也许会认为，悉心观察自己内心的思维和感受听起来有点像精神分裂，而不是让你的整个内心更为融合。可事实正好相反，将你从自己的内核中抽离出来的是反应性思维和后天习得的情绪模式，它们不仅阻止你接触幽居于深处的内在自我，而且会将你抛入人们常说的"心灵之旅"或"个人戏剧"。练习冥想意味着通过修炼达到一种更完整的状态。当你深化、拓展自己的意识时，便会开始接触到更多的内在自我。你的反应性思维和感受仍然存在，但你不会被它们轻易地牵着鼻子走。你可以获得更多自由，更惬意地享受生活，因为你不再被恐惧、愤怒、内疚、羞耻、悲伤等任何一种情绪模式轻易裹挟，更不会迷失其中。相反，你能够承认这些反应的存在，允许它们如大水漫灌一般涌来，然后再让它们流走。你的内在觉知变得宽广无际，你可以观照充满焦虑的想法，如果它合理就采取措施，如果不合理就让它水过无痕。你开始体验到一种更大的完整感，因为你不再被大脑中源源不断、层层叠叠的反应性思维和感受撕得四分五裂、支离破碎。虽然这些思维和感受还是会经常冒出来，但你和它们的关系已经发生了质变。现在的你变得浩瀚，可以淡定地作壁上观，不再被它们轻易裹挟。

冥想练习的最后一个好处在于你可以对自己产生更多怜悯。当你对激活恐惧的精神、生理和情境因素不再过敏之后，你也学会了对自己不再过敏，因此也不再对自己评头论足。当你不喜欢自己的言行、不喜欢自己的身心反应时，愤怒、羞耻和自责等感受便会自动产生。不过到了这个境界，你不会再被这些感受所裹挟，不会迷失其中。相反，你可以淡定地旁观，任由这些感受自生自灭。在这个过程中，你还可以培养出对自己的善意和敬意。人类天生就有怜悯之心，当他们超越了后天习得的种种不良的精神或情绪反应时则尤其如此。练习冥想、进入旁观自身遭遇的观照境界可以帮助你重获这种与生俱来的怜悯之心。

学习冥想

学习冥想的过程至少包括以下四个阶段：
- 正确的心态
- 正确的方法
- 提升专注力
- 培养正念

正确的心态是冥想时应该保持的一种心境或精神境界。培养这样的心态需要时间和毅力，不过幸运的是，冥想练习有助于培养正确的心态。正确的方法意味着学习特定的打坐方法，集中意识以提升冥想质量。提升专注力指的是额外练习一些减少分心的方法，要知道，所有的冥想新手甚至有些老手都不可避免地会遇到分心的情况。培养正念是一个修炼过程，其目的是彻底改变你和自己内在体验之间的关系。它意味着在你内心培养出一位"旁观者"，让你淡定地作壁上观，而不是被日常或每时每刻的生活起伏牵着鼻子走。

正确的心态

冥想练习时心态至关重要。事实上，培养正确的心态是练习的一部分。你能否成功坚持冥想、是否有能力坚持下去，在很大程度上取决于你的心态。乔恩·卡巴金是一位著名的冥想大师，他的两本著作《多舛的生命》（1990 年）和《身在，心在》（1994 年）都非常值得推荐，如果你下决心练习冥想，这两本书一定要看。乔恩·卡巴金认为正确的心态具体体现在以下八个方面：

▶ 初心

不带任何评判、偏见或预测地观察自己持续的直接体验常常被称为"初心"。本质上而言，它是一种带着新鲜感知事物的方式，仿佛你第一次看见它们一般。它意味着看见并接受事物当下的原貌，不附加一丝一毫你自己的假设和评判。举例来说，下次你看到某种熟悉的事物时，不妨考虑剔除自己的感受、想法、预测或评判，尽可能地观照它们的原貌。如果你是第一次看见它们，你会怎么看？

▶ 不强求

你每天所做的一切很可能都是以目标为导向的，可冥想却是一个例外。尽管练习冥想需要努力，但它的目标只是"顺其自然"。

坐下来冥想时，最好在头脑中清空任何目标。你不必费力去放松身心、放空大脑、缓解压力或开智明悟。你无须根据自己是否达成了此类目标来衡量冥想的质量。冥想只有一个目的，那就是观照你"当下"原原本本的体验，也许为了集中注意力，你得重复念一些经语或观察自己的呼吸。如果你紧张焦虑或痛苦难耐，亦不需要试图摆脱这些感受。相反，你只需冷眼旁观、尽可能地泰然处之即可；你只是任它们随性而动。这样一来，你便不再阻止或抵抗它们。

▶ 接受

接受与强求正好相反。当你学会对自己当下的任何体验泰然处之时，你便进入了接受的境界。接受并不意味着不管来什么你都得喜欢（如紧张或疼痛），它只意味着不带任何抵触情绪地听之任之。你也许听过一句话："你越抗拒，它就越阴魂不散。"无论是冥想时还是在日常生活中，只要抗拒或抵触，你实际上就等于激活和放大了问题。接受可以让不适或问题顺其自然。虽然它可能不会自动离开，但你和它之间的关系却变得更和谐了，因为你不再抵抗和 /或逃避它。

在生活中，接受并不意味着认命，不再设法改变和成长。相反，接受指的是在生活中清理出一块空间，用于明明白白地反思，采取相应行动。如果一遇到困难就反应过激，或者与困难死命对抗，你永远都不可能自由。当然，有时进入接受的境界之前，我们需要先经历一系列的情绪反应，如恐惧、愤怒或悲伤。

练习冥想时，你的接受能力会渐渐提高，因为你学会了拥抱每一个翩然而至的时刻，不再逃避或抵抗。达到这个境界后，你会发现在某个特定时刻存在的任何情绪很快就会起变化。事实上，如果不抵抗的话，它会变得更快。

▶ 不评判

接受有一个非常重要的先决条件（初心也是如此），那就是不评判。如果多注意一下你一天中各种进行中的体验，你会发现自己经常评判事物——包括外部环境以及自身的情绪和感受。这些评判基于你自己的价值观以及定义好坏的标准。如果不相信，那就用5分钟观察一下，看这么短短的几分钟里你会对多少事物评头论足。练习冥想时，你不仅要学习停止评判，还要与评判的过程保持距离。你只需观察自己内心的评判，但不为它们所动，至少不要评判自己的评判！相反，你要学会让任何评判水过无痕，对任何突然冒出来的念头冷眼旁观，其中包括你自己的评判念头。你让它们自生自灭，与此同时继续观察自己的呼吸或任何你选定的用作冥想焦点的物体。

▶ 耐心

耐心是接受和不强求的近亲。它意味着顺其自然，让自己的冥想练习保持随性，不疾不徐。

要想每天抽半个小时至一个小时冥想，你需要耐心。如果你持续练习了几天或几周的冥想，但丝毫不见效果，这时也需要耐心。耐心是不急躁。在这个快节奏的社会里，从一个目的地赶往另一个目的地是常态，我们所说的耐心就是与这个社会背道而驰。

不厌其烦地练习冥想有助于提升成功的概率和持久性。定期打坐冥想可以修炼你的耐性，亦有助于培养本节描述的所有特质。帮助你持之以恒地练习冥想的心态正是冥想本身潜移默化加以深化的心态。

▶ 放下

乔恩·卡巴金说，印度人有一个捕猴的高招。他们在椰壳上挖一个洞，洞口刚好容纳猴子的爪子。印度人用铁丝将椰壳绑在树上，然后在椰子里面放一根香蕉。猴子爬过来了，将爪子探入椰壳，一把抓住香蕉。但洞口太小，猴子空着爪子可以塞进去，但抓住了香蕉就没法抽出来。所有的猴子要想抽身只需放开香蕉即可，可绝大多数的猴子就是"咬定青山不放松"。

我们的大脑往往和猴子别无二致。我们死死地抓住某个特定的思维或情绪状态，尽管有时这些思维或情绪状态会让我们痛苦，但我们就是无法放手。学会放手对于冥想练习至关重要，对于少忧少恼的生活而言尤其如此。当你死死抓住或快乐或痛苦的任何体验时，你便无法不评判、不强求地专注于当下。学习接受可以帮助我们学会放手。放手是愿意接受事物原貌的自然结果。在冥想之前，如果你发现你很难放下一些担忧，则可以切切实实地以冥想为手段，冷眼旁观你因担忧而营造的思维和感受——其中包括"死死不放手"这个想法本身。你越细致周密地旁观你围绕着某个问题营造的特定思维和感受，就会越迅速地拓展基于这个问题的意识并就此放手。当你的忧虑充斥着太多强烈情绪，很可能应该将它们倾诉出来或在日记中写下来，释放掉自己的感受，然后再坐下来冥想。培养本节描述的所有特质可以帮助你学会放手。

▶ 信任

冥想时应持的另一个重要心态是信任自己。这意味着尊重自己的直觉、反应和感受，无论任何权威或他人怎么看、怎么想。你不评判自己的体验中出现的任何念头，并深信自己的灵魂——你的本我——天性纯良。冥想练习的目的是更完整地做自己。练习正念意味着你每时每刻都对自己的体验负责，能为自己的体验承担责任的人只有你，而不是别人。要想完全拥抱这种体验，你必须信任自己。信任自己的眼光和智慧可以帮助你学会怜悯自己和他人。

▶ 责任感和自律精神

对于冥想练习而言，强烈的责任感以及坚持不懈、贯彻始终的自律精神至关重要。虽然从本质上而言，冥想简单至极，但练习起来并不容易。在这个人人都觉得自己必须有所为的社会里，学习珍视"顺其自然"并经常抽时间练习需要责任感。我们很少有人从小就信奉无欲无为的价值观，因此学习摒弃以目标为导向的活动——即使每天只摒弃 30 分钟——需要责任感和自律精神。这种责任感类似于运动训练所需的责任感。运动员可不是劲头来了才训练，也不是凑巧有时间或者有人作陪才训练，他们每天都必须训练，无论有没有心情、无论有没有成就感都必须硬着头皮上。

要想形成练习冥想的习惯，最好每周打坐练习 6~7 次，至少练习两个月，无论是否方便，无论是否有心情，都必须如此（如果你发现自己坐不住，也不要惩罚自己，这是初学者的常见问题，所以只要尽全力做到最好即可）。等两个月结束时，如果你真的经常练习，这个过程很可能已帮你形成习惯，推动你继续自我强化。冥想的体验每次都不同，有时神清气爽，有时平淡无奇，还有的时候可能完全无法冥想。尽管冥想的原则是不强求，但持之以恒形成冥想的习惯却能从根本上改变你的生活。冥想不会改变你生活中的任何状况，却能在深层次上改变你与所有体验之间的关系。就我个人的体验而言，为形成冥想习惯所付出的心血绝对值得。冥想练习本身可能没有任何有意识的目的，但学会观照自我之后随之而来的收获却是巨大的。

正确的方法：练习冥想的准则

正确的冥想有法可循。很可能最重要的一点在于打坐姿势，这意味着坐直，后背挺直，坐在地上或椅子上皆可。身体坐直后，能量流动的通路似乎可以就此打通。如果你躺着，可能就无法打通，尽管躺下来是一种非常好的放松方式。冥想之前，放松紧绷的肌肉也非常重要。在古代，做出瑜伽姿势的主要目的就是放松，平衡身体能量，为冥想做好准备。以下准则可以帮助你更轻松、更有效地练习冥想：

1. 找一处安静的地方。尽可能减少外部噪声和干扰。如果无法百分之百实现，可以播放柔和的纯音乐或大自然的声音。海浪声就是非常理想的背景音乐。

2. 放松紧绷的肌肉。如果你觉得紧张，请花一点时间（不超过10分钟）放松肌肉。渐进式肌肉放松疗法往往非常有效，你需要逐步放松上半身（头、颈和肩），具体请参见第4章。以下头颈放松练习可能也大有助益（最好将这个练习与渐进式肌肉放松疗法相结合）。

- 缓缓低头，下巴尽量靠近胸口，一共三次。
- 将头后仰，一共三次。
- 右歪头，一共三次。
- 左歪头，一共三次。
- 缓缓左扭头，一共扭三个整圈。
- 缓缓右扭头，一共扭三个整圈。

3. 坐直身体。

东方式：在地上放一个坐垫或枕头以便支撑臀部，盘腿坐下。双手放于大腿之上，身体微微前倾，让大腿和臀部分别支撑一部分的身体重量。

西方式（适合绝大部分美国人）：坐在一张舒适的靠背椅上，双腿不交叉，双脚平放于地面，双手放于大腿之上（手心向上或向下均可）。

无论采用哪一种姿势，后背和颈部都应自然挺直。坐姿不宜僵硬死板。如果你想挠痒或调整坐姿，尽管放心去做。总而言之，不要躺下或用手支撑着脑袋，这样很容易产生困意。

4. 腾出 20~30 分钟用于冥想（初学者也许一开始只想练 10 分钟）。你可以设置定时器（放在手够得着的地方）或播放正好 20~30 分钟长的背景音乐，这样就能掌握时间。如果你习惯看钟或看表，那也没有问题。等每天练习 20~30 分钟并坚持了几周之后，你也许希望将冥想时间延长至一个小时。

5. 形成每天冥想的习惯。即便只冥想 5 分钟，也请务必每天坚持以形成习惯，最好在固定的时间练习冥想，建议每天练习两次，晨起一次，夜寝前一次。至少每天练习一次。

6. 不要在空腹时冥想。建议不要在空腹或疲倦时冥想。如果不能在饭前冥想，请在饭后至少等半个小时再练。

7. 选择一个注意力的焦点。最常见的焦点是你自己的呼吸周期或经语。后文的结构化冥想练习运用了这两种焦点。另外，你还可以选择物体作为冥想焦点，常见的物体包括挂画、节奏重复的音乐或烛光。

提升专注力

练习冥想之前有必要提升专注力或集中注意力，这可以帮助你减少分心，毕竟在冥想的过程中难免分心。有一种冥想要求练习者将注意力始终集中于某个特定的物体之上，这种冥想被称为"结构化冥想"。念经和数息是两种最常见的结构化冥想（请参见劳伦斯·洛杉的《如何冥想》以了解结构化冥想的详情及相关练习）。

▶ 默念

1. 选择一个用于集中注意力的词语或短语：

- 梵语真言，例如，"和平"（Om Shanti）、"罗摩神"（Sri Ram）或"我在"（So-Hum）。

- 在你的个人信仰系统中具有重大意义的词语或短语，例如，"我心安宁"。

2. 重复默念这个词语或短语，最好每次呼气就念一次。

3. 当任何思维、情绪反应或分心的想法进入脑海时，让它们自由出入、自生自灭就好，你可以温和地将注意力带回重复性的词语或短语之上。

4. 继续默念，至少坚持 10 分钟。

▶ 数息

1. 打坐的时候，将注意力集中在呼吸的吐纳之上。请缓慢而均匀地呼吸，每呼气一次，就在心里默数一下。可以数到 10 再重新开始数，也可以一直数到你喜欢的任何数字。

2. 每次走神的时候，请将注意力拉回呼吸之上，然后重新开始数息。如果你神游天外，沉浸于内心的独白或幻想之中，也不必担心，只需放松，重新开始数息即可。

3. 如果数着数着就忘了，请从 1 开始数或者从 50 或 100 这样的整数开始数。

4. 练习了一会儿数息之后，你也许可以放弃数息，只关注自己的吐纳即可。

5. 继续数息或只关注自己的吐纳，至少坚持 10 分钟。

进行结构化冥想时，请务必将注意力集中于你选择的冥想对象之上——但无须强迫或强求。正确的冥想是一种放松的专注状态。当你的想法、白日梦或外界刺激因素干扰你时，不必沉溺其中，也不必强烈排斥，只需让它们自生自灭就好。

第一次冥想时，练习基于念经或数息的冥想非常有用，因为它们有助于提升你的专注力。有的人（包括我自己）喜欢在每次冥想之前先念经或数息 5~10 分钟以集中精神。

做任何类型的冥想时，闭目养神往往非常有用，这样可以减少外部干扰。不过，有的人更喜欢微张双眼，仅够影影绰绰地看见物体，这可以避免内心的想法、感受或幻想跳出来干扰你。如果你有注意力不集中的问题，不妨试试这种方法。

第一次真正打坐冥想之前，你很可能意识不到自己有多容易分心。在印度，人们常说未经训练的大脑有如疯猴或醉猴。运用结构化冥想可以在一开始帮你提升专注力，之后可以放下这种冥想方法，更直接地专注于向内观照自我。

培养正念

冥想的基本指导原则非常简单——稍微注意一下自己的呼吸。你只需关注自己的呼吸——吸气的时候，请全心专注于自己的感受；呼气的时候，也请全心专注于内心的感受。无须加大呼吸幅度，也无须对呼吸做任何调整（除非你使用数息法提升自己的注意力），只是注意自己的呼吸过程，不强求改变亦不费力改变，只需悉心体会随之而来的或明显或微妙的所有感受。

关注自己的呼吸周期这个过程也很简单，虽然做起来并不容易。关注了两三分钟后，你可能会发现你已觉得无聊，想换个其他的花样。你的身体已经受够了，所以想换个姿势，或者想站起来活动一下。事实上，到了这个时候，冥想的"功课"才刚刚开始。请不要屈服于换个花样的冲动，你只需关注这个冲动本身，然后轻轻地将注意力拉回呼吸之上，时刻注意自己的呼吸。

分心走神在所难免，你可能会忘记关注自己的呼吸。在短短的5分钟时间里，这种情况也许会发生10次甚至50次。分心的时候，千万不要评判自己，只需意识到自己已走神，然后轻轻地拉回注意力即可。如果你不喜欢自己这样心不在焉，只需意识到自己懊恼的情绪，然后将注意力拉回呼吸之上。如果你真的很喜欢冥想时的感受，只需意识到这种感受即可，然后继续关注自己的呼吸。请注意，冥想练习本无好坏之分。你往往会发现，某个特定的冥想练习可能给你"好"或者"坏"的感觉。然而请记住一点，冥想的全部意义只在于冷眼旁观自己当下的体验，不必努力达到任何境界，也无须评价体验的好坏。

冥想的"成功"仅在于去冥想。你冥想得越频繁，就能越迅速地训练大脑减少敏感度，变得更稳定，更善于观照自我。你会训练大脑珍惜每一个随之而来的时刻，且不会以好坏来区分它们。经常驯服大脑的阻力有助于打造强大的内心，定期练习冥想可以潜移默化地深化一开始帮助你持之以恒练习冥想的心态，即接受、耐心、不评判、放手和信任。

冥想练习

以下 5 种冥想练习汲取了乔恩·卡巴金、杰克·康菲尔德和其他冥想大师的理念精粹，源于数千年以来冥想学员一直在修习的基本练习。这些练习强调始终如一地关注自己的呼吸，每次一分心，就将自己的注意力拉回呼吸之上。建议按顺序练习它们，每一种练习练一两个星期。等你的冥想练习有些基础之后，可以将这 5 种练习融会贯通，付诸日常实践。你可以单独练习漫步冥想，也可以将它与长时间的打坐冥想相结合，作为后者的中场休息。

基于呼吸的基础练习

1. 挺直身子舒适地坐在椅子上，用腹部缓缓呼吸 10 分钟并聚精会神地关注自己的呼吸，让呼气、吸气的感受成为你关注的对象。

2. 如果你走神，忘记了关注自己的呼吸，请顺其自然，不要评判自己，然后温和地将注意力拉回呼吸之上。在冥想的过程中，请尽可能多地这样训练自己的注意力。关注自己的呼吸时应淡定放松，不要强迫自己。

3. 如果你经常走神，请使用本章前一小节介绍的数息法，每呼气一次就数一下。等你足够放松，注意力能够相对集中，可以关注自己的呼吸时，再停止数息。

4. 开始做这个练习时 10 分钟即可，之后可以缓慢延长时间，直至 30 分钟。你也许可以设置定时器或播放 30 分钟长的冥想音乐，这样就能掌握时间。

冥想期间感知你的身体

1. 开始练习时将注意力集中于呼吸之上，随后可以将注意力慢慢扩大，直至感知你的整个身体。关注呼吸之余，尤其要重点关注你的四肢。如果走神，请将注意力拉回四肢之上。

2. 和前面的练习一样，走神的时候不要评判自己。每次发现自己走神后，请温和地将注意力拉回四肢和呼吸之上。一开始的时候，你可能要反复很多次。如能多加练习，你的注意力一定会更集中。

3. 开始做这个练习时 10 分钟即可，之后可以缓慢延长时间，直至 30 分钟。

冷眼旁观你的思维和感受

1. 等前面两个练习得心应手之后，请继续扩大你的意识，将思维和感受包括进来。

2. 只需冷眼旁观自动冒出来的思维和感受，就像观察来来往往的车流或水上漂浮的树叶一般。让每一个新冒出来的思维或感受成为旁观的新目标。

3. 如果在这个过程中，你不小心坠入了自己的思维或感受之中，只需观察到这一点，然后跳出来即可。

4. 请注意，你的思维和感受往往变幻无常。它们来得快，去得也快，除非你死死抓住它们不放，它们才会阴魂不散。

5. 如果某些思维频频回来侵扰你，那就随它们好了。只需冷眼旁观它们上蹿下跳，直至最后消失。

6. 如果你发现自己有不安、焦躁、易怒或"巴不得尽快熬过去"的情绪，只需冷眼旁观即可，不要评判自己，它们自会消失。

7. 如果恐惧、焦虑、悲伤或郁闷等感受突然冒出来，不要沉溺其中。与它们和平相处即可，将注意力拉回自己的呼吸之上，直到它们自动消失。你会发现关注自己的呼吸可以帮助你安然摆脱这些感受。

8. 一旦沉溺于思维或情绪反应，只需将注意力拉回自己的呼吸以及四肢之上。如果你发现自己的注意力涣散，不妨试试数息法，从 20 倒数到 1，每呼气一次就数一下。重复这一流程，直至注意力开始集中。

9. 第一次尝试旁观自己的思维和感受时，练习的时间不宜长，之后可以逐渐延长时间，直至每天练 30 分钟。

观察闯入意识的任何体验

请冷眼旁观闯入意识的任何体验，包括思维、反应、生理不适感、焦躁、不安、困倦、舒适、放松等，不要做任何评判。不要特别关注体验的任何一个部分，任由它们自生自灭即可。如发现自己沉溺于某个特定的思维或反应，请将注意力拉回呼吸之上。呼吸是你的首要关注点，所以请保持关注。建议每天打坐练习 30 分钟，无论产生任何体验都请淡然接受，不做任何评判。

漫步冥想

1. 在家里有意识地缓缓漫步 5 分钟，你可以绕着圈子来回走动。

2. 漫步的时候请记住，你不是要去任何地方，相反，你只是将注意力集中于行走本身的这个过程。

3. 聚精会神地感受你走的每一步。缓缓迈步，关注双脚、脚踝、小腿、膝盖和大腿的感受。走得越慢越好，这样有助于保持注意力。

4. 如果注意力涣散，转移至某个思维、情绪反应或其他分心因素之上，请顺其自然，不要作出任何评判，然后将注意力拉回漫步过程中腿脚的感受之上。

5. 开始练习漫步冥想时 10 分钟即可，之后可以缓慢延长时间，直至 30 分钟。

以上这 5 种练习如能勤练不断，则可以帮助你夯实培养正念的基础，使之成为一种生活方式。开始冥想练习几乎没有难度，但持之以恒需要毅力，具体请参见下一节。

冥想练习月记

坚持记录冥想练习的情况，描述每次练习的放松程度并加以评级，每个月用一张表格。建议在第一个月开始记录之前把这张表格复印几份，以备日后使用。

日期	练习时间	时长	放松程度（1~5级）	练习点评

坚持练习冥想

我们已在"正确的心态"这一节介绍过持之以恒地练习冥想需要驱动力、毅力和自律。学习冥想有点像学习打篮球、打壁球或打高尔夫球等体育运动。在得心应手之前,你得训练相当长一段时间。即使没心情或不方便,也必须坚持打坐,这需要恒心和毅力。每天固定留出半个小时至一个小时时间练习可以帮助你更容易坚持下去。一般来说,最理想的练习时间是早上刚起床时或晚上入睡前,前提是你精神尚可,不至于太过疲累。其他比较适合的练习时间是午饭前或晚饭前。留出一块固定的时间相当于在生活中凿开一处空间用于冥想。

除毅力和自律之外,还有几个因素也可以极大地帮助你坚持练习。最强有力的支持因素很可能是本地的冥想培训班或团体,你可以在本地医院或大学(成人教育大学)找到这类培训班,或者也可以在家附近寻找不依附任何机构的冥想团体。许多地区都提供超觉静坐课程,这是印度瑜伽大师玛哈里希·玛赫西·优济独创的一种冥想形式。虽然超觉静坐只教授念经冥想,却是非常理想的入门之道。有了陪你经常冥想的支持团队之后,就算你有时难以为继,他们也会推动着你坚持下去。

在有些地区,你可能会比较幸运,家附近就有脚踏实地、经验丰富的冥想老师。如有意在当地寻找冥想团体或老师,请写信至:

马萨诸塞州巴瑞市欢乐大道 1230 号内观冥想学会。邮编:

01005-9701

或者

加利福尼亚州邮政信箱 909 号内观冥想学会西部分会。邮编：94973

内观冥想学会在全美各地设有冥想静修院，在这样的静修院，学员往往需要每天打坐冥想 8~12 小时，连续学习 1~10 天，有的课程甚至还要更长时间。进入静修院学习是形成冥想习惯的有效途径之一，不过我们一般不推荐初学者尝试。

最后，我再给大家推荐几本可以帮助你坚持练习冥想的书。本章末尾的推荐书目都非常有帮助，其中乔恩·卡巴金的两本书尤其适合初学者。

冥想与同理心

要想提升内观能力，将同理心融入内观之中至关重要。只学习冷眼旁观自己的反应性思维和感受可能还不够。如果不培养同理心，只是旁观自己的反应，你可能还是会与这些反应开战。如要将同理心和感情融入内观，你得先与自己和解。

许多人对自己无比苛刻，犹如凶神恶煞的教官训练新兵一样，其中以完美主义者尤甚。如果你觉得不可思议，那么请扪心自问一下，你用多少时间自责自贬、逼着自己做违心之事？如果你没有强迫自己或批评自己，你可能陷入了一种更为被动的恐惧立场或受害者立场。出于恐惧，你的大脑不断地恐吓你，说一些诸如"如果这样该怎么办？如果那样该怎么办？"之类的话。当你陷入受害者立场时，你可能会打击自己，对自己说："这样做毫无用处……这样做是没有希望的……这样做是注定会失败的……"当你的心情开始好转时，完美主义倾向可能又会把你推上一部永不停止的跑步机，导致你不断对自己说："我应该……我必须……我一定要……"请注意你指责、恐吓、打击或强迫自己的程度，这样有助于深入地了解自己的心态。不幸的是，如果你打心眼里不待见自己的话，那么全世界所有的认知疗法对你都不可能起效。

培养同理心对于改善你和自己的关系至关重要。同理心可以帮助你从评判、指责甚至轻蔑转至宽容、接纳和关爱。同理心取决于你是否接纳自己以及这个世界，因为它是一种可以通过冥想练习加以修炼的心态，你可以学习接受你的局限性并拥抱你的人性。除本章之外，本书后面的两章"放手"和"爱"也提供了一些指引，也许可以帮助你更宽容地接受自己，对自己产生更多同理心。如要进一步了解同理心对冥想的作用，请参阅杰克·康菲尔德的《踏上心灵幽径》（1993年）。

冥想与药物

处方药会对冥想体验产生什么样的影响？市面上探讨这个问题的书籍几乎没有，就算有也是少得可怜。有些正规的冥想培训项目

（如"超觉静坐"）要求初学者在学习冥想之前停服所有的非必要处方药。根据我自己的经历以及客户的经历，我个人认为不同的药物会对不同的人产生不同的影响。

不过，我可以大致将药物分为以下两类：

1. 阿普唑仑、劳拉西泮或氯硝西泮等苯二氮䓬类药物似乎会导致注意力分散，使人在冥想时难以集中精神。有研究人员发现，苯二氮䓬类药物往往会刺激大脑的 β 波活动（这是一种与思维相关、波动迅速的非同步脑电波），使大脑难以进入 α 波状态（与冥想等放松状态相关的同步脑电波）。虽然服用了苯二氮䓬类药物仍然可以冥想，但可能会有困难。

2. SSRI 类抗抑郁药物（如百忧解、左洛复、帕罗西汀、氟伏沙明）对于大多数人而言似乎不会影响冥想。几乎没有人表示服用 SSRI 类药物之后练习冥想会遇到困难；而且，我听说有些人声称服用 SSRI 类药物之后练习冥想反而更容易集中精神，因为他们的情绪更平静，更不容易受到侵入性思维和感受的干扰。总而言之，SSRI 类药物与冥想之间的关系似乎比较和谐，你完全可以在服用 SSRI 类药物的同时练习冥想。

遗憾的是，我不知道三环类抗抑郁药物（如丙咪嗪或去甲替林）或 MAO 抑制剂药物是否会影响冥想，目前还没有这方面的信息。我也不知道丁螺环酮是否会影响冥想。如果你正在服用这类药物，可以停服几天，然后再恢复服用，根据自己的感受来评估这类药物的影响作用。请在尝试评估之前咨询处方医师。

冥想如何帮助你克服恐惧

冥想练习可以帮助你唤醒内心的"旁观者"。冥想的关键在于学习冷眼旁观伴随负面感受（尤其是焦虑）的内在生理反应和／或情绪反应。任何负面感受都可以分为两个部分：（1）内在反应（或情绪）；（2）思维。

不愉快的内在反应包括肌肉紧张、头痛、疲劳、消化不良以及莫名的疼痛和痛苦。不愉快的情绪包括自发产生（不是因为任何思维而激活）的恐惧、悲伤或愤怒。有些感受比较复杂，如焦虑，它们不仅包括以上这些基本的反应或情绪，还结合了大脑对这类反应或情绪的诠释或判断。例如，如果你本来只有心跳加快的生理反应，这时你突然冒出一个想法："万一这是心脏病发作，那该怎么办？"于是，你无形中营造出了一种强烈的焦虑感。如果你本来只有基本的恐惧情绪，却突然问自己："别人会怎么看我？"这时，你便营造出了一种错综复杂的焦虑感。如果你能将基本的反应或情绪与伴随这些反应或情绪的思维区分开来，自然就不会产生复杂的负面感受。一旦你将直接的生理反应或情绪从任何相应而生的思维中抽离出来，焦虑将自动消失。等你唤醒了内在的旁观者之后，这样抽丝剥茧便会更得心应手。

让你恐惧的思维本质是将你从当下抽离出来。如果你在不愉快的内在反应之上强加一个"如果……该怎么办"的想法，便会迅速将注意力集中于未来的灾难，而不是当下的体验。焦虑就像一个精神戏法，它能让你迅速忘记当下的状况。只要你允许自己的思绪从当下游离出来，就会陷入一个仅为可能性的设想（"如果……该怎么办"思维），从而忘记当下正在发生的具体现实。不过，只要你从思维的陷阱中跳出来，焦虑很快就会消失，届时便可以清楚明白地看清你此时此刻的反应。

因此，你可以学着直接旁观自己在恐惧之上凭空加强负面的心理解读或自我对话之后，立即随之而来的内在反应或情绪。克莱尔·维克斯是抗焦虑行为疗法的先驱，她很早就发现了这个区别。她称内在的生理反应为"第一恐惧"，激化负面感受的伴随性恐惧思维为"第二恐惧"。如果你能学着区分第一恐惧和随之而来的第二恐惧，后者便有可能瞬间灰飞烟灭。简而言之，焦虑是不愉快的内在反应和可怕的想法相互勾结的产物。如能冷静下来，后退几步冷眼旁观，将这两者区分开来，焦虑便再也没法吃定你。

在我看来，经常练习冥想是最有效的区分内在反应和恐惧思维的策略。如能持之以恒，你就能轻而易举地看清自己当下的内在反应，以至于大脑一开始凭空强加负面的恐惧思维就能被你逮个正着。等修炼到这个境界，负面的恐惧思维便不再为自动思维——它们再也不可能在你的意识之外潜伏，你完全可以选择不被它们所迷惑。唤醒内心那位强大的旁观者所产生的最终结果是，你可以真正实现克莱尔·维克斯描述的目标——在不被恐惧思维牵着鼻子走的前提下看清基于第一恐惧的反应。

现在应该怎么做

1. 开始练习冥想时，严格遵循"正确的方法：练习冥想的准则"和"提升专注力"这两个小节中的指引，坚持练习两三周。开始的时候练习 10 分钟即可，之后可以缓慢延长时间，直至 30 分钟。对自己承诺一定每天坚持练习。请参阅"正确的心态"这一小节，以培养正确的冥想心态。

2. 两三周后，即等你有能力保持注意力之后，请按照"培养正念"这一小节中的内容练习。每天坚持练习冥想，并始终将自己的呼吸作为注意力的焦点。

3. 你可以找一个冥想培训班或定期组织冥想活动的团体以激励自己坚持下去。如果本地没有这类组织，我建议你找内观冥想学会购买冥想磁带，这样一边听磁带一边练习。另外，参考文献中的书籍也非常有帮助，尤其是乔恩·卡巴金、杰克·康菲尔德和约瑟夫·戈尔茨坦的书籍。

参考文献和延伸阅读

约瑟夫·戈尔茨坦、乔恩·卡巴金《追寻智慧之心：内观禅修之道》（1987 年），波士顿香巴拉出版公司。

戴维·哈普《三分钟冥想》（1996年），第三版，加州奥克兰新先驱者出版公司。

劳伦斯·洛杉《如何冥想》（1974年），纽约矮脚鸡图书公司。

史蒂芬·莱文《逐渐觉醒》（1979年），纽约州花园城船锚－双日出版公司。

乔恩·卡巴金《多舛的生命》（1990年），纽约德尔塔出版公司。

乔恩·卡巴金《身在，心在》（1994年），纽约亥伯龙出版公司。

杰克·康菲尔德《踏上心灵幽径》（1993年），纽约矮脚鸡图书公司。

克莱尔·维克斯《精神焦虑症的自救》（1978年），纽约矮脚鸡图书公司。

克莱尔·维克斯《摆脱精神折磨，重获安宁》（1978年），纽约矮脚鸡图书公司。

第 *8* 章

放手

绝大多数人一辈子都会经历恐惧、脆弱或无助。这些意外的不幸往往发生于童年，例如，亲人去世或重病、父亲或母亲酗酒且经常发酒疯、动辄搬家转学。在努力应对这些无妄之灾的过程中，你很容易产生强烈的控制欲，既渴望控制环境，也渴望控制自己。如果不控制一切，你可能会生出脆弱感，缺乏安全感。控制的形式有很多种，其中比较常见的一种形式是无休无止地追求完美——无法容忍任何错误；任何行为如达不到高不可及的标准，也一样恨之入骨。另一种控制的形式是否认或避免负面感受，尤其是愤怒。

当多年以来对完美孜孜不倦的追求与忽略负面感受的"刚需"相结合，最终结果可能就是恐慌发作和／或慢性焦虑。另外，生活中难以预料的变化在所难免，工作、收入、健康或婚恋等领域都有可能出现意外，这时我们有些人可能会尝试收紧控制的缰绳，结果导致恐惧和焦虑进一步升级。

在克服焦虑的过程中，有一个心态至关重要，这就是放手。我会在这一章深入探讨放手流程的两个方面：（1）面对日常问题学会放手；（2）面对危机学会放手。

第 1 部分：面对日常问题学会放手

孩子错过校车，你会怎么办？修理工磨洋工，爱人突然要出差，税务局说你报的税少了 3000 美元，你又该怎么办？生活中像这样的烦恼几乎每天都会发生，无人可以幸免，甚至不得不感叹："明天老天又要怎么折磨我？"真正的问题是，你该如何应对生活中的起起落落，维持表面上的平静？有的人可能会告诉你"全盘接受"或"顺其自然"——可是具体该怎么做？以下一些方法也许可以帮到你。

放松

给自己足够的时间放松是关键。缓解身体的紧张感有助于放下情绪问题。紧绷的身体滋养不出放松的大脑。如果看到孩子满脚泥还在客厅里乱跑的时候你已经浑身紧绷，你可能会突然发现自己的神经其实紧绷得更厉害——甚至已经恐慌了。可另一方面，如果你能自我调节、抽一点时间放松、做一下深呼吸，也许处理眼前的危机就会比较淡定自如了。

整天保持放松状态需要毅力、专注力和气力。经常做肌肉放松练习或冥想练习是一个非常好的开始，但可能还不足以抵挡各种压力事件的突然袭击。因此，你一整天都必须设法找时间放松，每隔一两个小时给自己放个"迷你假"，例如，用 5 分钟时间做腹式呼吸、冥想或只是安安静静地坐在椅子上。如能见缝插针找时间放松，你处理任何意外的能力以及事后的恢复能力都能得到提升。当然，在这个马不停蹄的社会里，放慢脚步、找时间放松并不容易。人在忙得分秒必争时，很容易忽略给自己一点点时间放松喘息的重要性，即便每隔两个小时暂停 5 分钟也舍不得。要想将放松喘息作为日常生活中的头等大事，你需要付出气力和毅力。尽管一开始并不容易，但之后便能形成一种自我强化的习惯。你越能保持放松专注的状态，意外发生时你的抵触感、控制欲和恐惧感就会越少。放松可以增强你的韧性，使你能够安然度过几乎任何困境——要学会放手并换一个角度看问题，而不是与痛苦的感受较劲。如需了解放松的更多指引，请参阅《焦虑症与恐惧症手册》第 4 章。

幽默

你养的猫将一只死老鼠拖进屋，这时你可以愤怒、惊慌或一笑置之。笑是控制的反面，它往往与放松相关。一般而言，你越注重完美，对生活越力求事事掌控，你离笑就越远。幽默感是降低完美主义标准的好处之一，而且极其难得。幽默是一种一切似乎都失控时后退几步、精准把握全局的能力。它是一种认知的选择——选择视某种状况为喜剧片，而不是正儿八经的大片。如果你终其一生都在确保一切都按自己的意愿走，也许培养幽默感就需要一些计划。至关重要的第一步是降低你强加给自己的标准，不要把自己太当回事。

笑具有一系列有益的生理效应。研究表明，笑能降低血压，舒缓紧绷的肌肉。此外，它还能刺激大脑分泌内啡肽，让人浑身舒泰，产生一种幸福感。笑可刺激白细胞的分泌，激活免疫系统。诺曼·卡森斯在他的畅销书《笑退病魔》（1979年）中介绍了每天观看喜剧演员马克思兄弟的老电影和《偷拍真人秀》开怀大笑帮助他战胜慢性退行性疾病的经历。幽默无疑有助于化解恐惧和焦虑。面对某个特定的状况时，如能找出其中的荒谬可笑之处，你自然不会觉得它危险可怖，当然也就不会焦虑了。过去某个让你焦虑的状况，也许现在回头看却能让你忍俊不禁。

如何将更多的幽默带入生活？幽默是一种可以培养的特质。请找出你觉得好笑的东西，然后多与之亲近。观看有趣的视频或电视节目都是非常好的切入点，也许你喜欢阅读漫画书（如漫画家盖瑞·拉尔森的作品）以及幽默诙谐的书。有的人喜欢去喜剧俱乐部看脱口秀。看多了这些脱口秀表演之后，你可能也会学着讲笑话。如果你和有幽默感的朋友或家人多相处，时间久了也会耳濡目染。最后，仅仅是一个微笑也足以激发积极阳光的思维和感受。无论你偏好哪一种笑料，请在生活中多创造一些开怀大笑的时刻。多一些欢笑可以极大地帮助你淡定看待日常烦恼——而不是任由它们升级成泰山压顶的灾难。

耐心

耐心是放松的近亲。在我看来，耐心是对生活所持的一种"不强求"的态度，这种姿态只有在你足够放松时才有可能出现。你越强迫或强求自己，就越难有耐心。当你学着淡定放松、放慢生活节奏时，等不尽如人意的事情发生、需要耗费更多时间的时候，你会更有耐心等待。实现任何目标都需要一定程度的努力，可一旦这种努力具有强制性和紧迫性，你便会失去应对暂时的挫折和障碍的灵活性。通过冥想（参见第 7 章）唤醒内心的旁观者是一种培养耐心的绝佳途径。意识和正念是刻意逼迫自己的反面，它们可以帮助你始终专注于当下，而不是强迫自己削尖了脑袋往别处挤。如能专注于当下，你便能不焦不躁地应对延误和障碍。这里有一个悖论，即对待挫折和障碍你越少用力，反而会越顺利、越高效地朝着目标一步步前进。

回归自然

要想抛下日常生活中的烦恼，最理想的方法之一是逛公园或在林中漫步。投身于大自然可以帮助你与自己的身体和灵魂重新产生连接，从而摆脱忧虑和烦恼的束缚。陷入忧虑时，你会一遍又一遍地把同样的问题摆在自己面前。你仿佛受困于一个怪圈之中，大脑在不断播放一张荒腔走板的坏唱片。困守于怪圈之中的你看不到出口。户外的广阔天地可以开阔你的心胸，帮助你超越思想的局限。此外，它往往还能帮助你跳出心理闭环，体验到与大自然交流的豁然之感。风景怡人的大自然最能消闷解愁，没有什么比与美景同行更能缓解忧虑的了。

别出心裁的消遣

如果家附近没有自然美景，或者说如果你没时间前往离家最近的公园、树林、湖泊或海滩，退而求其次的减压法是找一个别出心裁的消遣。并不是所有的消遣节目都能奏效。我们有的人从小就有父母或哥哥姐姐告诉我们"烦心的事就别去想了"——然而我们就是做不到。根据我的经验，最有效的消遣是能让身体、心灵或灵魂全情投入（而不是仅仅投入心智）的活动，你不可能只用心智来战胜困扰心智的烦恼。如前所述，要想跳出大脑的循环困局，你得投身于一个超越了心智的活动或场所。这种消遣可以是活动身体的——例如，你喜欢的体育活动、团队运动、园艺或搭积木；也可以是激发热情的（感心动情是一种灵魂按摩）。任何能使身体和／或灵魂全情投入的消遣都可以称之为别出心裁的消遣，例如：

- 你的爱好
- 振奋人心的书、录像或磁带
- 饶有趣味的对话（面对面交流或电话交流）
- 唱歌或演奏乐器
- 极富创意的电脑应用程序

当消遣节目激发出你的热情时，你便能更轻松地放下心中的烦恼。

关爱他人

特蕾莎修女曾说，她对"快乐"的定义是想方设法帮助他人。这话说得没错，放下烦恼的最有效的方法往往就是关爱他人。无论是倾听他人的心声、给他人写信、挑选礼物、帮他人完成任务，还是花一点时间做志愿工作或关心他人的处境，都能帮助你不再只盯着自己的一亩三分地。它还能带给你满足感，让你知道自己原来可以发光发热。帮助他人是放下烦恼、打开心结的最佳途径。当然，你不能一味地无私关怀和帮助他人，也得兼顾自己的需求。对他人奉献过度甚至以牺牲自己为代价会导致共同依赖，我的一个朋友就曾形容这种心理为"白痴的大爱"。

放手工作表

以下表格每周填写一份，跟踪记录你为抛开烦恼所做的努力。开始填表之前请将此表复印 10 份。

方法	措施	结果
放松		
幽默 / 开怀大笑		
耐心		
回归自然		
别出心裁的消遣		
关爱他人		

1. 在尝试的所有方法中，你觉得哪一种最有效？最能让你忘却烦恼？

2. 你希望经常运用哪一种方法（或哪一些方法）并将其融入日常生活？

第 2 部分：面对危机学会放手

人生难免遭遇困境，你面对的困难也许远远超出了日常生活的压力，把你逼到濒临崩溃的边缘。突然之间，你面对的是危机甚至是灾难，即使你使出浑身解数，它也不会轻易或迅速消失。在这个时候，你可能六神无主，感觉无路可逃。你似乎对眼前的绝境无能为力，从而陷入绝望。这样的危机示例包括：严重的生理或精神慢性疾病；严重的酒瘾或毒瘾（你咬碎了牙根也没法戒掉）；灾难性的损失，例如，因事故或天灾失去爱人家人、因事故或疾病致残、突然失去财务资源……

顺从

顺从往往意味着面对困境不做任何进一步的努力。屡试屡败之后，你决定就此收手，不再挣扎。这种情况通常会导致绝望甚至自杀，导致抑郁亦在所难免。

顺从往往是封闭自己，不接受外界的任何帮助。如果你抱着"这有什么用"或"这肯定是没救了"的态度，你肯定不会敞开心扉，也不会主动接受别人可能给予的任何有用的帮助。

有时，你在四处求助无果后才会产生顺从的心理，你觉得自己和他人都无法解决你的难题。到了这个时候，你既可以选择听天由命，也可以选择下面的另一个选项。

负隅顽抗

这意味着你深信只要自己够拼命，迟早能自行走出困境。你可能会不断地寻找出路，试图控制这个不管你怎么努力都丝毫不起作用的严重问题。在拼命挣扎了几个星期甚至几个月之后，你的焦虑感和沮丧感一路飙升。"负隅顽抗"和"顺从"一样都有一个问题，那就是你切断了外来的帮助。只要你抱持"只有我才能改变或控制这个状况"的心态，别人就没法帮助你。同样，你可能也会走到四处碰壁、不知所措的境地。

依赖他人

依赖他人意味着你放弃自力更生的思维，放下姿态，谦卑坦诚地向他人求助——你可以向家人、朋友或专业人士寻求支持。如果你患上了严重的慢性焦虑症，这时应该向谁求助？

1. 你可以找心理顾问和 / 或心理医生。专业的心理医生会为你提供管理焦虑情绪、直面恐惧的资源。他们亦会与你感同身受，无条件地接纳你，让你不再觉得自己一文不值。最后，他们还能鼓励你，支持你采取措施，做一些必要的功课改变生活。

2. 你可以找其他的焦虑症患者聊一聊，可以一对一地聊，也可以在支持小组里聊。找同病相怜者聊天可以让你深信自己并不孤单。一般而言，你可以从中得到新的启发以及应对困境的策略。举例来说，你可能会听到其他的患者表示他们服药后情绪大为好转。此外，这也可以帮助你走入正轨，因为你认识了正在康复的患者，所以你知道应该怎样康复。

3. 你可以向亲朋好友倾诉自己的问题，以便他们能更好地理解你。如果你的焦虑很严重，过去轻而易举就能做到的事现在却无能为力，亲朋好友的支持就变得尤为重要。如果你处于亲密无间的婚恋关系中，你可以向爱人详尽无遗地讲述你的焦虑症，让他 / 她们能充分理解你，支持你摆脱病魔。这样一来，他 / 她们也可以配合你做一些特定的康复任务，例如，放松练习、逐步暴露疗法或反应预防疗法。

以上所有这些支持资源如能结合运用，可以帮助你步入康复的正轨，直至最终摆脱严重焦虑症。事实上，专业治疗、支持小组和家人关爱结合在一起，往往就已足够帮你走出绝大多数的重大困境或危机。然而，在一些情况下，甚至这些还不够。如果危机或困境已经重创了你的灵魂，所有的支持和资源也许不足以愈合你的伤口。这时尽管你尝试了所有的疗法和支持选项，你的问题仍然没有得到很好的解决，无法为你的生活注入生机和价值感。

求助更高力量

有了切身体验之后，你才会相信更高力量真切地存在于你的生活之中（我们会在后面一章详细探讨灵性）。

求助更高力量绝不意味着其他的援助资源不重要或没必要。每天做放松练习、运动锻炼以及学习认知应对技能都非常有必要，亲朋好友的大力支持对于危机的处理也非常关键。然而，愿意放手并无条件信任更高力量却能让你进入一个全新的维度。

决定向更高力量求助是一个具有颠覆性的步骤，因为这意味着依赖一个你看不见也无法完全理解的资源。向更高力量求助时，你寻找的不仅仅是一个宽心慰意的概念，即一个便利省事且能自我安慰的想法。任何真心祈求施援的人都知道自己祈求的并不仅仅是一个便利。求助更高力量意味着发自内心和灵魂地祈求真正的援助，这是你尝试一切方法无果之后的最后绝招。

对于焦虑症患者而言，放弃控制——放弃负隅顽抗，将自己交托给看不见的力量——是不同寻常且往往很难迈出的一步。你越害怕，可能就会越拼命地施以铁腕控制。放弃控制需要谦卑、信任、愿意容忍不确定性的勇气以及信念。让我们来逐一介绍这些特质。

谦卑

将你的掌控感交给更高力量当然需要放下姿态。也许你一直都渴望主宰自己的人生——希望自己一直都能独立处理任何状况。也许你觉得无法独立解决自己的问题是一种无能，或者你可能还会觉得向一种无影无形的力量求助会让别人看不起你。在强调独立自主的西方现代社会，这无疑与价值体系相违背。尤其对于美国社会的男性而言，放弃相信自己有能力单枪匹马地克服任何障碍实在是太难了。

你首先需要的是谦卑——谦卑地承认面对残酷无情的重大危机，你尝试了一切但最终无能为力，然后接纳这一事实。讽刺的是，一旦你拥抱谦卑，允许自己信任更高力量，反而会意外地收获一种巨大的释然感。突然之间，你解脱了，不必再做孤军奋战的孤胆英雄，不必再硬着头皮去攻克似乎仅凭一己之力无法攻克的难关。不屈不挠的坚毅和倔强终于让位于一种更柔和、更灵活的心态，你开始学会接受更高力量可能会赐予你的礼物。

信任

如果你准备交出掌控感（投降放弃），全心全意地依赖更高力量，那么这股力量必须完全值得信赖。这股力量应该只会将你的最佳利益放在心上，并有能力提供支持、力量或指引，帮你顺利走出困境。因此，你能否信任更高力量在很大程度上取决于你对追求的诠释和理解。

此外，你看待一般性权威人物（尤其是父母）的方式可能会影响到你看待更高力量（终极权威）的方式。如果父母冷血暴虐、苛刻挑剔或专横跋扈，你可能不仅会无意识地害怕他们，而且也会无意识地害怕一般性的权威人物。这样一来，你对权威的恐惧之情反过来亦会影响到世界在你心中的感觉和形象。

如何摆脱虚假信息或童年创伤经历带给你的负面投射，从而"真正"理解更高力量的本质？这个问题很难有清晰的答案。每个人都必须自行求索，除了看书、与他人探讨之外，更重要的是学会仁慈宽厚、乐于助人、方正可靠、绝无偏私，而且始终将自己和其他所有人的最高利益放在心上。对我来说，这样的一股力量极其值得信赖。知道世间存在这样的一股力量给了我很大的力量和安全感。

忍受不确定性

控制欲源于你希望你的生活稳定有序、可预测，且能满足你的期望。忍受不确定性是一个挑战，因为它需要你生活在一定程度的混乱和不可预测之中，这一切和所谓的"现世安稳"正好相反。无论这一切有多痛苦，但混乱之中仍然有意外收获。当你深陷于最不确定、最迷惘的困境之中时，反而最容易彻底改变你对困境的认知。你越焦虑不安，就越会限制自己寻找全新的方法和解决方案。混乱和不确定性可能会颠覆你僵化的思维，让你学会从崭新的视角看待问题。

忍受不确定性是一种可以通过练习掌握的素质。也许你可以开始练习忍受比较小的不确定性，例如，把家务活放着不做或一两天不打开信箱。之后可以在面对更严重的问题时试着推迟焦虑感，你可以借助运动锻炼、放松练习或别出心裁的消遣来缓解压力，毕竟忍着不焦虑的话可能会憋出压力。假设你能做到推迟焦虑感，这时不妨再尽可能地延长面对问题不焦虑的时间。

一旦你增强了忍受不确定性的能力，将棘手的问题交托给更高力量就变得容易多了。在这个过程中，一点点信念亦能起到极大的帮助。

信念

信念意味着无论世事如何变幻，始终如一地信任更高力量。信念意味着始终相信你只要求助，就能得到积极的回应。信念常常需要一定程度的勇气——不管眼前的状况多么糟糕、始终相信更高力量一定会伸出援手的勇气。信念就是不管前路有多少艰难险阻，始终相信更高力量会赋予你最好的结果。

信念并不会凭空而来，它源于你依赖更高力量提供支持、平和心态、理解或指引的直接经历。当逆境来临、黑云压境时，坚守信念可能会困难重重。不过从我个人的经验来看，信念并不是盲信，它往往随着你和更高力量之间的关系不断深化而与日俱增。信念是一种可以后天习得的东西，只要你不断练习放手，不再掌控自己无能为力、似乎需要外力支持的困境。

请记住，依赖更高力量并不意味着放弃你竭尽所能解决问题的责任。将你的问题交托给更高力量与自我负责绝不冲突。这两者处于不同的层面。举例来说，设法克服焦虑情绪意味着学习一系列的技能——腹式呼吸、放松练习、自我观照、运用建设性的自我陈述、暴露疗法、旁观感受、提升魄力等；而学习放手、将问题交托给更高力量则属于另一种性质。你拼尽全力试图解决自己的特定问题之后，突然意识到这世上还存在另外一种支持资源。你学到了将依赖更高力量与自力更生相结合。具体而言，如果你愿意的话，可以请更高力量帮助你获得一些品质——帮助你顺利康复的品质。这些品质包括勇气、信念、力量、毅力、灵感和智慧。在这个过程中，你仍然可以学习和练习自力更生解决问题的必要技能。这里有一个悖论：将自己的问题交托给更高力量可能会让你获得真正的支持，从而提升战斗力，成功克服困难。这个道理可以用一句箴言来概括："自助者天助之。"

练习放手

纾压冥想

以下练习可以帮助你亲近更高力量，请更高力量针对让你烦恼或焦虑的问题提供支持。请仅在你觉得合适的时候运用此练习（如果你有自己习惯的祈祷方法和冥想方法，则可以忽略此练习）。在交托和观想之前，请先给自己一点时间放松身心，集中精神。

1. 采取舒适的坐姿（躺下也可以）。至少花 5 分钟时间运用你习惯的任何放松方法，例如，腹式呼吸、渐进式肌肉放松法、观想自己置身于一处静谧恬淡的地方或冥想。

2. 如果你还没有集中精神，请回想让你焦虑的人或事或者想法。然后将注意力集中在上面，直到厘清思绪。这个时候如果产生了焦虑感，则可以允许自己感受焦虑。

3. 一遍又一遍尽可能坚定地申明：

"我将我的烦恼交托给更高力量。"

"我放下这个问题，任凭更高力量来裁决。"

只需缓慢平静地重复以上话语，尽可能地释放感受，直至你的情绪开始好转。在这个过程中，最好一遍又一遍地牢记与更高力量有关的以下理念：

- 更高力量的智慧和才智浩瀚无边，远超出你的意识，其解决问题的能力是你无法想象的。

- 更高力量的智慧足以解决你的任何烦恼。

- 虽然现在你看不到解决问题的办法，但你可以坚定信念，深信只要更高力量伸出援手，没有解决不了的问题。

- 如果你的烦恼源于另一个人，请记住他或她也有自己的更高力量，而且这股力量也会将他们的最高利益放在心中。

4. 如果你更习惯于观想，请想象你和更高力量见面的情形。你可能会看见自己置身于花园或你喜欢的优美环境中，然后想象你看见一个人——你的更高力量——朝你走过来。人影可能一开始影影绰绰，然后越来越清晰。你可能会发现这个人浑身散发着慈爱和智慧的光芒。他可以是一位睿智的男性或女性、一道光，甚至可以是任何其他存在，只要能充分代表你信赖的更高力量即可。

5. 当更高力量现身时（无论是否为你的想象），只需设法向其求助。例如，你可以对他说："我请求您帮助我。"请不断重复你的请求，直至情绪好转。

你可能想倾听更高力量的声音，看看他能否针对你的请求提供直接答案或见解。这种想法很正常，不过这个时候你只能提出要求，请求他伸出援手，不要期待能得到答案。这样做是为了增强你对更高力量的信心和信念。

这个过程的关键是心怀真正的谦卑。向更高力量求助时，你等于在一定程度上不再有意识地控制问题，而是选择信任更高力量。

6. 可选步骤：如果你愿意，可以想象一道白光直射到让你产生焦虑或忧虑的身体部位。一般而言，这个部位为太阳神经丛区域（躯干中部，位于胸腔正中心下方）或肚脐中心。让这个部位溢满阳光，直到焦虑逐渐消解或消逝。始终将白光引导至这个部位，直到它完全停留在这里，将焦虑一扫而光。

请给这一整个过程留足时间。你可能需要 30~45 分钟，才能感觉自己与更高力量建立了真正的联系，并发自内心地相信令你忧心的问题会真正得到解决。如果完成这个过程之后第二天你又开始焦虑，只需每天重复这个练习，直到你的焦虑完全释放。对于许多读者而言，这个过程可能有点像传统祷告的一种变体。

引导式冥想：留一段时间来疗愈

下面我们来介绍引导式冥想，我有一些客户因沉疴痼疾或焦虑症心生绝望，我发现用这种方法比较奏效。建议你将以下文字录音，用自己的声音或他人的声音皆可。录音的时候放慢语速，吐字清晰，然后在放松的时候一边听一边冥想，每天练习一次。如能持之以恒，这种冥想练习可以帮助你不再与疾病做无谓的斗争，并引导你改变看待疾病的方式。

疗愈时间

这是一段疗愈时间，让身体有充分的时间休息和放松。不要催促身体飞速运转，这样无异于徒劳。身体自有其节奏——这可能需要暂时放弃你的日常活动安排，甚至可能要放弃很长一段时间。尽管坐在一旁枯等会让你焦躁不安，但你要相信等到出关之时，你会更健康、更有活力、更强壮。

你需要修养身心，这是一定的，否则就没有必要在这么长的一段时间内减少日常活动。愤懑于现状或拼命挣扎毫无用处。长时间被病魔苦苦纠缠当然会让人沮丧不已，但你要知道你需要一段时间康复——要想确保寿命更长、未来的生活更健康，这一步必不可少。

要知道，等身体和灵魂得到充分的休养和疗愈后，你便可以结束闭关，重新恢复所有日常活动，继续追求为你的人生赋予意义的所有目标。现在请务必耐心等待，无论多么痛苦迷惘，请相信你正在重新积蓄力量。你要相信，等到出关之时，你一定会神清气爽、焕然一新——你的健康是由内而外的，是建立在一个坚实基础之上的，因为你已听从召唤，在很长一段时间内放慢了脚步。

因此，让自己放松下来。你的身体和灵魂自有一套与生俱来的智慧，不要与其做无谓的抗争或对抗。记住要用建设性的活动占据日常生活。耐心是一种伟大的美德，你可以好好利用这段时间，以此为契机来培养耐心。通常来说，获得耐心是一定要付出代价的，你的代价是学习熬过困境。所以，你得从两个角度视当前的困境为一种成长的契机：第一，它让你的身体和灵魂得以深度休息，使你能够重新规划未来几个月甚至几年的生活；第二，它让你得以培养耐心，这是一种愿意在逆境中蛰伏等待、不屈不挠的宝贵品质。有了耐心的加持，你也许可以更淡定地应对生活中的一切挑战。

所以现在只需放松、放手就好，让更高智慧来掌控你的人生。尽管你可能会沮丧迷惘，但更高智慧心里有数，你只管放心，你一定会安然无恙——等到出关之时，你一定会焕发新生，变得更强大。

你一定要相信，万事万物自有其目的，人生中没有任何境况是长久不变的。等到闭关结束时，你将重整旗鼓，继续追逐所有对你而言无比重要的目标。

因此，只管让自己呼吸、放松并坚定信念。无论身体有何种感受，你的疗愈过程都正在向前推进，进入一个更深层的境界。请相信，你总有出关之日，届时你会重获健康，再次强大起来——将来回首往事时，你会发现这段蛰伏的经历是你人生中的必经之路。

现在应该怎么做

1. 复习"第1部分：面对日常问题学会放手"。在帮助你学会放手的所有心态和方法中（放松、幽默、耐心、回归自然、别出心裁的消遣、关爱他人），哪一种或者哪几种是你最想培养或掌握的？你打算采取什么样的具体措施？请填写《放手工作表》并坚持几周，看看哪一种方法对你最有效。

2. 当你对自己的焦虑症或恐惧症感到无望或觉得走投无路时，请复习"求助更高力量"。试着使用"纾压冥想"或"纾压祈祷"（或自己写祈祷词），向你的更高力量求助。产生恐惧之时，也可以使用灵性短语予以化解。另外，也可以将《疗愈时间》这篇文章录音，经常倾听，扭转你对慢性疾病或长期残障所持的心态。

3. 如要增强信念，也许你可以写"信念日记"。每次你觉得自己的祈祷得到了答复，或者你在日常生活中体验到一个小奇迹时，请将它们写下来。然后，反复重读你的日记，这可以帮助你坚定自己对更高力量的信念——让自己相信它实实在在存在于你的生活之中，不仅仅是一种概念。

参考文献和延伸阅读

诺曼·卡森斯《笑退病魔》（1979 年），纽约诺顿出版公司。

杰拉尔德·扬波尔斯基《有爱无恐》（1979 年），加州伯克利天艺出版公司。

第 9 章

灵性

我相信灵性可以极大地拓展你的人生观。无论你当前处于什么样的困境，灵性都可以回答你的人生问题，让你恢复对生活的信心，并重拾乐观、面对未来。无论你现在如何看待自己，灵性都可以帮助你培养信念（如果你还没有的话），让你相信自己降临于世自有其独一无二的原因，即独一无二的使命（请参见《寻找你的独特使命》）。甚至你与焦虑症苦苦斗争也是为了更大的使命——而不仅仅是一个让你饱受折磨的意外事件。

　　为了更好地理解本章，我们可以将"灵性"和宗教视为两个概念。灵性指的是这些不同观点背后的共同体验——通过这种体验，我们可以意识到一种超越了个人自我以及人类秩序的力量，并与之建立关系。

　　本章将探索灵性的多个层面。首先，我来谈谈灵性如何帮我们化解焦虑情绪和焦虑症。个性和心态的转变（往往源于积极的灵性生活）有助于治疗焦虑症和恐惧症，我们将在下面的一小节详细介绍这一点。之后的一小节"探索你的灵性观"将指引你探索你对灵性的一些看法以及你基于灵性的个人经历，这也许可以帮助你厘清一些概念，例如，你如何看待更高力量的性质？你和这股力量之间的关系如何？最后，我会谈谈我自己对灵性的理解，届时我会介绍我认为很可能与灵性人生观相关的 12 条假设。这 12 条假设你可能认同，也可能不认同。如果它们能帮助你拓展人生观并心怀更多怜悯地看待自己的困境，那也就不辱使命了。

灵性如何帮我们化解焦虑

重视灵性并不意味着放弃治疗焦虑症、恐慌发作和恐惧症的认知行为疗法以及生物精神病学疗法。毫无疑问，认知行为疗法帮助患者扭转灾难性的思维非常有效，从而得以缓解恐慌发作和预期性焦虑。暴露疗法也可以非常有效地帮助患者直面和克服多种多样的恐惧症。一般而言，药物是治疗的关键环节，可以帮助饱受恐慌发作、广场恐惧症或强迫症折磨的患者更积极地响应认知行为干预措施。目前的焦虑症治疗方法与1980年之前的疗法相比已有了巨大的进步，在可预见的未来，这些疗法还会不断地改进和改善。

我认为灵性疗法是认知行为疗法的一种补充，在克服焦虑症的过程中，它可以起到以下独一无二的作用：

- 它能增强你的信念，让你相信康复是有希望的。
- 它能提供战胜慢性严重焦虑症和慢性焦虑症的方法。
- 它能引导你显著改变自己的性格、心态和行为，从而增强你应对焦虑症的能力。
- 它能提供一个正面积极的参考坐标框架，帮助你换一个视角看待自己的焦虑症以及生活中的常见困境。你的问题无论多么可怕，都不是一场随机降临的灾难，而是一个让生而为人的你得以成长进化的契机。

我们将在这一小节探讨前三点，第四点则在本章最后一小节详细探讨。

提振康复的希望

灵性总能给人带来希望。"灵感"（inspiration）这个词的字面意思其实是"振奋人心"（in-spiriting）。笃信某种形式的灵性意味着经常体验灵感，这是一种福至心灵或如获新生的感觉，它可以推动你坚持不懈地进行自我完善。灵性不能代替必要的治疗策略（这通常意味着学习理念和技巧，并经常加以练习），然而它却能提供鼓励你坚持下去的动力，即便这一路充满艰难险阻，也能让你义无反顾。

任何一位与焦虑症苦战的患者都知道，康复之路往往暗伏无数挫折。根据我的感受和个人经历，冥想这样的灵修是面对这些挫折时保持昂扬斗志的利器。这样的修习提供了"保持信念"的绝佳途径——因此尽管你有时会灰心沮丧，但仍然会朝着目标的方向昂首前进。要想克服任何一种慢性焦虑症，在曲折坎坷的康复之路上保持信念至关重要。

治疗严重焦虑症和慢性焦虑症的利器

焦虑症的形式多种多样，有些焦虑症比另外一些更容易治愈。恐慌症借助有效的认知行为疗法往往可以治愈，有时须结合药物治疗，有时无须结合。特定的恐惧症通过系统性的脱敏疗法和渐进式暴露疗法往往也可以治愈。另外，对于比较严重的焦虑症而言，认知行为疗法和药物疗法可能收效甚微。举例来说，针对严重的创伤后应激障碍或严重的强迫症，采用市面上最有效的疗法之后，也许病情只改善了一点点。假设你接受了多年的高水准治疗，而且已竭尽所能配合认知行为疗法或药物疗法，但仍然重度焦虑，那该怎么办？我认为遇到这种情况，灵性也许就能派上大用场。

你可以做的一件事是遵循所有 12 步戒酒法中推荐的路线——将你的问题交托给更高力量。这并不意味着放弃自救的责任，但它真真切切地表明你愿意承认你无法单靠自己的意志百分之百地解决问题。因此，你敞开胸怀，积极接受来自更高力量的协助、支持和指导。前面的一章"放手"已详细探讨了将难题交托给更高力量的具体方法。

你还可以做的另外一件事是观想你最终得以康复的情境并相信它一定会实现，无论现状有多可怕都不要动摇信念。这似乎与我们在上一章刚刚介绍的"放手"正好相反，不过它们之间其实是相辅相成的关系。如依赖更高力量帮你实现目标，则可以极大地促进观想疗愈效果和康复进程。我会在下一章"打造你的愿景"中告诉你，无论现状似乎有多少限制或约束，你都可以打造全新的人生体验。

依赖灵性资源帮助你康复，会产生什么样的结果？基于个人经验，我认为有两种结果——奇迹可能发生和没有奇迹发生。

1. 奇迹可能发生。无论你对传统的精神疗法、药物疗法和自助疗法有多么抵触，问题就是消失了。你的情绪为之一振，这不仅要归功于你自己的努力，也要归功于一股神秘的力量——超越了你理解范围的力量。这种现象也许并不常见，但有时却真的会发生。举例来说，绝症患者就有可能自然而然地康复了，这种现象无法解释。有些因上瘾问题而深感挫败的人参加了 12 步戒酒法，虽然还没有真正实施相应步骤，奇迹也会发生。在我的临床经历中，我见过一些患者长期被焦虑症折磨，任何类型的传统疗法都对他们不起作用，可他们最后却奇迹般地康复了。

2. 没有奇迹发生。尽管尝试了各种各样的高水准疗法，甚至也结合了灵性疗法，焦虑症状（无论是恐慌、广泛性焦虑，还是特定的恐惧症或强迫症）都没有消失。然而，你的心态却产生了翻天覆地的内在改变，这使得你能淡定地与自己的问题共存，而与此同时，问题的烈度也大大减轻了。曾经让你无比痛苦、看似无解的问题如今已没有那么可怕——因此也不再成为问题。你的内心已修炼得足够平和，获得了足够的力量，对人生亦产生了足够的信念，因此你可以平静地接受自己的局限。接受不等于听天由命或逆来顺受。它意味着视逆境为一种磨炼，让你得以深化自己与更高力量的关系，并进化为一个更好的人。如果你已使尽浑身解数，但问题还是没有完全解决，也许你可以得出结论："这堂人生课还远未结束——我还要进一步打破局限继续学习，要么是通过治疗，要么是通过接受和超越局限（或者两者兼而有之）。"

与灵性相关的性格转变和行为转变

有的人修习灵性一段时间之后，其性格、心态和行为往往会发生转变。这一领域被称为"宗教心理学"，这门学科专门研究此类变化。你可能不会为了"获得"这样的性格转变而专门深入修习灵性，这样做很可能也没有效果。此类转变只能是长期修习灵性后潜移默化产生的自然结果。我之所以提到这一点，是因为我觉得灵性对于缓解焦虑情绪和焦虑症非常有效。

▶ 安全感

内心持久的安全感可以极大地帮助我们战胜忧虑，缓解杞人忧天的思维模式。通过与更高力量建立连接，你可以获得安全感，因为你坚信自己在这个宇宙中并非孤立无援，即便暂时觉得自己与他人脱离联系也不会心生绝望。如果你相信自己有依靠，总可以安然度过任何困境，那你就会越来越有安全感。只要坚信无论遭遇什么样的问题或困难，只要更高力量伸出援手就一定能解决，那你就会自然而然地获得安全感。

▶ 平和心境

平和心境是深刻持久的安全感所带来的结果。你越相信更高力量，越依赖更高力量，就越能不疾不徐、从容自若地处理生活中种种在所难免的挑战。这并不是说你放弃了自己的意志，百分之百依靠更高力量；它只意味着你明白了在生活中遭遇难以解决的问题时，你可以"放手"，把问题交托给更高力量。当问题看似无解时，学着放手可以极大地消解生活中的焦虑和忧虑（请参见"放手"这一章）。少一些忧虑，内心自然会平和起来。

▶ 摒弃后天的情绪反应模式

修习有助于你一步步接近本我，这是一种超越了自我的深刻的内在意识状态。如能进入这种状态，无论在日常生活中遭遇什么样的挫折，你永远都会心态平和，淡定自若。找回先天的自我有点像抵达一片宁静恬淡、无忧无虑的绿洲，如果愿意花时间投入，还是能够培养出这种心态的。

培养这种心态的修习方式包括冥想、静读灵修书籍、引导式观想、聆听灵修音乐或做一些类似瑜伽、太极之类的运动。请参阅第7章，深入了解冥想的具体做法。

▶ 放弃过度的控制欲

担心往往源于你于潜意识中预测情势超出你的控制范围、继而引发可怕的后果。你借助担心，给了自己一种控制的幻觉。只要你担心得够厉害，你就会觉得自己没有被问题打得措手不及——你可是有准备的。在你看来，放下担心无异于放弃控制权。无论你遵循什么样的传统或方法来获得灵性上的成长，只要灵性成长了，你便能渐渐培养出放弃控制的意愿。在不放弃自我责任的前提下，你学会了允许更高力量施加一些影响，在自己感觉无法掌控情势时让它帮你决定结果。在我看来，这是灵性成长最重要的方面之一，因为它有助于缓解焦虑。偶尔将担心交托给更高力量以使它帮你分担一部分重量，你也就不必孤军奋战。

▶ 提升自我价值

与更高力量建立关系时，你会渐渐意识到真正造就你的并不是你自己。你会醒悟过来，你和飞鸟、星辰、树木一样，都是宇宙造物的一部分。如果我们生活的宇宙是慈爱的，是能够支持且怜悯我们的（与更高力量建立关系可以帮助你相信这一点），那么从根本上来说，你就是善良可爱、值得尊重的，原因很简单，仅仅是因为你存在于这个宇宙之中。我们尊重、疼爱宠物，仅仅是因为它们存在，而我们却往往不能这样善待自己。无论你表现如何，无论你做出什么样的选择，你在本质上是善良温厚的，是有价值的。无论你对自己的评价有多消极，如果你和其他造物一样都是宇宙的造物，那么你的评价归根结底都不算数。

▶ 摒弃基于成就的完美主义标准

如果你的基本价值是与生俱来的，那么将自我价值建立在拼命往上爬、力求达到外在的完美标准以及种种社会标准（如拥有如日中天的事业、宽敞豪华的大别墅、性感诱人的身材、完美无缺的孩子等）之上无疑是错误的。社会划定的标准往往相对比较肤浅，就算全部满足也不可能带来终极的满足感。虽然尽己所能好好生活并不是什么坏事，但肯定自己与生俱来的价值也非常重要——这个价值就是剥去了外在成就的本我。人在濒临死亡时，往往会发现他们这辈子只有两件事最重要：1）学习关爱他人；2）增长智慧。如果用这两个标准来衡量自己，你对自己的看法会产生什么样的改变？

▶ 学会给予和接纳无条件的爱

更高力量有一个基本特征，那就是会让你体验到什么是无条件的爱。这种爱不同于浪漫的爱情，甚至也不同于寻常的友谊，它意味着不带任何附加条件地绝对关心他人的福祉。这也就是说，无论他人的表现或行为如何，你都能不带任何评判地怜悯和关爱他们。当你与更高力量之间的关系不断深化之后，你会渐渐在生活中体验到一种更高层次的无条件的爱；你会感觉到自己的心扉更容易向他人敞开，更容易与他们感同身受，你评判或衡量他们的标准亦会变得更自由。无条件的爱不仅体现在你有能力关爱他人，也体现在你有能力感受他人给予你的关爱。当你帮助他人、激励他人学会给予无条件的爱时，你便会开始在生活中化解恐惧，体验到更多快乐。此外，义无反顾、不惜一切代价追逐梦想也能体现这种爱。请参阅第 11 章"爱"以进一步了解无条件的爱。

探索你的灵性观

本节旨在帮助你更好地理解你对灵性的想法以及相关的体验。请花一点时间好好思考练习中的问题，也许你会清楚地梳理出以下两个问题的答案：1）你如何看待更高力量？2）为深化你和灵性的关系，你准备采取什么样的措施？

个人体验

请思考以下问题，并在空白处或单独用一张纸写下你的答案。

1. 什么样的场景、场所、活动、场合或者什么样的人让你产生了一种顿悟感、一种惊叹感或一种敬畏感？

2. 以下哪一种或哪几种体验你觉得属于"灵性"体验？请针对每一种情况写下你亲身体验过的灵性示例。

自然之美

（大自然环境中让你惊叹或敬畏的某个场所或场合）

深刻洞见

（突然顿悟某个事实）

创意灵感

（产生某种灵感，你真真切切地受到激励，决定发挥创造力）

接受或给予关爱

（请指出什么时候，对方是谁）

3. 以下体验往往属于灵性体验。请描述发生在你自己身上的相应体验。

同步性（不可思议的巧合）

指引

奇迹或治愈

4. 神秘体验或灵视体验——请描述你经历过的以下任何一种体验的示例：

感觉得到了某种力量的支持

在喧嚣混沌之中突然感觉到了平静

一种万物合一的感受——感受自己就是那个"一"或者就是"万

物"的一部分

如何深化你与更高力量之间的关系

从某种程度上来说，培养与更高力量之间的关系有点像与人建立关系：你投入的时间和精力越多，你们之间的关系就越亲近、深厚。如果你愿意把这种关系放在首位，它就会不断深化，成为你日常生活中不可或缺的一部分。

精心培养灵性的方法有许多，不过有 3 种是最常见、运用最广泛的，它们包括：

冥想——这是一种涤荡浮躁、平心静气的练习，直至你可以接触到自己内心最深处，进入一个波澜不兴、超越了种种限制并最终与更高力量保持一致的境界。这是一种学会从自限性情绪和思维中抽离出来的方法，这样你才能冷眼旁观这些情绪和思维，而不是被它们牵着鼻子走。数千年以来，冥想一直是"平心定气"、直接进入"内心天国"的方法（请参阅第 7 章"冥想"）。

阅读书籍——阅读振奋人心的书籍（倾听相关磁带）是一种摒弃忧虑或负面思维模式的绝佳方法。

帮助他人——出于真诚帮助他人的动机而服务于他人，这可以是做义工，也可以只是在日常生活中给予他人善意。

与特定的宗教传统和宗教组织所信奉的更高力量建立关系还有许多其他的方法。其中一些最常见的包括：

- 倾听传统或现代音乐
- 进行引导式观想
- 吟诵基于灵性的自我肯定语（请参阅第 10 章"打造你的愿景"）

以上所有这些活动都有助于巩固、深化你与更高力量之间的关系。如果你已做好准备，决心要与更高力量加深关系，请回答以下问题。

我的思考

请思考以下问题，并在空白处或单独用一张纸写下你的答案。

1. 你冥想吗？冥想的频率如何？每次冥想多长时间？有什么效果？

2. 你还做任何其他的修习吗？频率如何？有什么效果？

请在下方空白处或单独用一张纸写下你对自己的承诺，例如，下个月愿意花更多时间从事以上哪些活动。

提振情绪的日常活动

如果修习真的无处不在，而且真实存在，那我们应该在许多日常活动中都可以发现它的踪影，只要你敞开心扉、增强意识。以下任何一种日常活动都可以帮助你与灵性产生联系，每一种都可以引领你进入一个更广阔的世界，从而摆脱烦恼和个人的喜怒哀乐。

1. 在户外散步，雨天或晴天皆可。从工作场所或家的四面墙壁之中跳出来，感受户外的开阔空间，可以让你的心情立即好起来。如能远离钢筋水泥森林和滚滚车流，效果会更好。

2. 在水岸边漫步。无论是波浪、涟漪还是急流，自然的水流总能对灵魂产生某种神奇的抚慰作用。

3. 早起看日出（或黄昏看日落）。绚丽多彩的天空具有启发、启迪的魔力。

4. 参观艺术博物馆。探索艺术名家的内心世界可以帮助你触摸到灵魂深处不为己知的秘境。

5. 倾听古典音乐名作。巴赫、莫扎特、贝多芬和勃拉姆斯的代表作尤其能启迪人心。

6. 参观历史名胜。回顾过去也许能让你对现状产生全新的看法。

7. 观看影史佳作。一流的电影能将你提升至更高的意识层面，可以选择获得奥斯卡最佳影片奖的影片或获得此项大奖提名的影片。在天气恶劣的日子里，这是一个提振情绪的绝佳途径。

8. 读名言警句。你所在地的书店里应该有很多金句口袋书吧，可将其作为日常冥想或自我肯定的辅助手段。

9. 和宠物一起玩。我们会对宠物施以毫无条件的爱，这可以帮助你记住你有这个能力。

10. 拥抱孩子。孩子会提醒你，爱会在最不经意的时刻不期而至。

11. 做一些手工活。创造力是灵魂的物质形态表达方式。无论是做飞机模型、整理花园、做馅饼，还是画画，发挥创造力这一行为都能神奇地引领你进入内心一个更广阔的世界。

12. 表达善意。帮助他人克服自私自利的毛病。当你发自内心这么做的时候，你的善举就一定会点亮自己的灵魂。

关于灵性的 10 条观想：我的个人看法

本章旨在鼓励你拓展人生观，引领你探索关于灵性的观想和体验。当然，你可能对灵性已有了比较明确的理解——或者仍在上下求索，希冀了解更多。不管是哪一种情况，如能拥抱基于灵性的人生观，你便能重构看待恐惧症或焦虑症的视角。灵性能够帮助你深入洞察焦虑症的意义以及相应的治疗方法。

如果你仍在探索灵性意味着什么，不妨阅读以下 10 条观想来激活你的思维。这些想法并不源于任何原始资料、传统或教义，而仅仅基于我的切身体会。这些想法在我与客户探讨灵性时都是非常好的切入点，你可能会认同，也可能不认同。阅读的时候，请考虑对你胃口或对你有意义的观点，至于你觉得不投缘的观点只管置之不理就好，毕竟我们每个人都有一套只属于自己的基本人生哲学理念。

这 10 条观想也许有一些能够激发你思考，让你渴望与爱人、知心好友探讨一番。所有的这些观想都会帮助你更乐观、更宽容地看待人生，它们对于我而言就是如此。采纳适合你的观想后，也许你会发现你对自己的状况以及日常生活所持的态度会变得更积极、更阳光。

1. 人生是一所学校。人生的基本意义和使命在于，它是实现意识成长的"教室"。

绝大多数人往往都会根据他们认为最有价值的人物、活动、自我形象或物品来定义自己的人生意义。你很可能运用自己最珍视的任何东西——家庭、某个特定的人、工作、特定的角色或自我形象、健康或物质财富——来定义人生意义。一旦你失去了自己最珍视的东西，人生似乎就失去了意义。花一点时间思考一下，你在生活中最珍视什么？它是否能带给你极大的满足感和快感？然后再想象一下，如果这些东西突然被人拿走，你的生活会陷入怎样的境地？

你最珍视的一切事物最终都会消失，这是铁板钉钉的事实。你珍视的东西不可能永生不灭。如果有一天，你珍视的一切都不复存在，那么人生的终极意义到底在哪里？只要你认为对于存在而言，最重要的莫过于当下的生活（当下拥有的一切），那么这世上似乎就没有任何终极意义。你最后会像萨特和其他存在主义者一样，认为人生的唯一意义在于你如何诠释当下的生活。除此之外，人生似乎毫无意义。既然所有的一切——包括生命本身——最终都会消逝，那么这些东西怎么可能会有终极意义？

绝大多数的灵性形式，无论是传统的还是现代的，都超越了这种存在困境。绝大多数的灵性形式或多或少地都假设人类的生命并不是全部。

我发现，这种对人生"终极"意义的特定诠释才是最合理、最有帮助的。如果人生的终极意义是实现意识成长（增长智慧，提升爱的能力）的教室或学校，那么一切最终将不复存在这一事实就有了全新的意义。人生中不期而至的考验和挑战以及你对它们的反应所产生的影响就不是永恒不变的，它们也没有任何意义。它们更像学校里的课程，一种你需要自己去学、去练、去尽可能掌握的课程。

每一堂课都会重复出现，直到你完全掌握。等你把之前的课程全都掌握了，新的课程便又摆在眼前。因此，这座"地球上的学校"是你学习和成长的地方，但并不是你最后的住所；等到生命结束之际，你就该离开这间教室继续前行。

2. 逆境和困局都是专门为你设计的课程——它们并非随机无常的天意。从大局来看，每件事的发生都是有目的、有预谋的。

如果你认同"人生是一间教室"的理念，那么不妨视人生中骤然出现的逆境和困局为课程的一部分，其目的是帮助你成长。这种想法完全不同于"天意弄人、造化无常"的想法。后者会让你产生受害者心态，最终让你觉得这个世界反复无常，对人显失公平，有的人天生命好，而另外一些人却命途多舛，所以你觉得无能为力。

我在这里提出的想法的主旨是，人生挫折是实现成长、增长智慧、培养同理心、提升爱的能力以及获得其他优秀品质的课程（有些宗教传统称挫折为"考验"，不过我更喜欢"课程"这一概念）。困难越大，你学习成长的潜力就越大。如果你接受这种理念，那么你要问的下一个问题很可能是，你的人生课程是谁制定的，又是谁"分配"给你的？在遭遇的人生挑战似乎难以逾越之时，我们许多人可能会以这样或那样的形式提出这个问题。我们往往会抗议，甚至抱怨命运的不公和人生的种种局限。这样问题就来了："如果神灵是慈爱的，他为什么会允许这种事发生？"

回答这个问题可不容易。我们都没法完全理解人生课程是如何制定、如何分配的，虽然不同的宗教传统对这个问题所持的看法各不相同（东方传统称其为"因果报应"，而犹太教和基督教传统则称其为"课程"和"诱惑")。我们每个人这辈子都不免要与人生挑战扭打厮杀一番,却不能完全明白这一切到底是为了什么。有一点似乎显而易见,如果课程一直都是那么轻松写意,那我们就不可能实现成长。如果我们的人生使命是增长智慧、增强意识和培养同理心,那至少有些课程肯定是有难度的。这样的说法可能不是那么顺耳,但至少可以在某种程度上解释我们在人生中为什么会遭遇困境。

如能这样想,你就不会再问:"为什么倒霉的人是我?"相反,你会提出更有建设性的问题:"神灵要教我什么?我能从中学到什么?"这样一来,你便可以坦然接受当下生活中最让你烦恼或头疼的问题,并尝试提出后面的两个问题,而不是第一个问题。

3. 你的个人局限和缺陷是滋养你实现内在成长的"粮食"。有时你不需要费什么劲就能战胜、克服它们;而在另外一些情况下,它们可能会与你缠斗很长一段时间,逼着你不断进化,发挥出自己的全部潜力。这些局限的存在并不意味着你就是个"次品"或就该受责备。

花一点时间想想你的一些个人局限——让你难以忍受的缺陷。如果你正在与焦虑症苦苦作战,请想想你的状况。你可能会问,为什么人要面对恐慌症、广场恐惧症、社交恐惧症或强迫症这样的问题?你连几个月都受不了,更不用说几年了。我希望你已得到了各种各样的治疗(在必要的情况下亦接受了药物治疗),而且也彻底斩断病根,真正地康复了。一般而言,完全治愈焦虑症当然是有可能的。不过,你也有可能接受了所有的最佳治疗手段,非常认真地做自助功课，并坚持了一两年，虽然病情有所好转，但还是没有彻底康复。这时你会觉得自己失败了吗？会觉得你就是不如那些迅速康复的人有技巧、有毅力吗？

如果你非常努力地克服自己的困难，但仍然摆脱不了困扰，也许这意味着在长期与困难缠斗的过程中，你还需要增长经验，而且增长的空间相当之大。这完全取决于你需要学习什么样的课程。在短时间内轻松化解难题当然有助于提升自信，让你对自己的自学能力更有信心——提升自信本身就是一门重要的课程。然而，这样的课程不一定有助于培养同情心或耐心这样的品质。一般而言，似乎只有通过与我们自己的缺陷苦战、鏖战，我们才能真正学会同情他人，或包容他人的缺陷。

再举一个例子，假设你的课程是学习放下过多的控制欲——甚至是学习放手，请更高力量来指引你的人生道路。也许等遭遇了一个极其棘手的困难、就算使尽浑身解数也无济于事的时候，才终于学会放手，不过这并非学习的唯一方法。人生中最具挑战性的困难往往有助于培养放下控制欲的能力，有些困境和状况犹如刀山火海，迫使我们除了放手之外别无他路。硬着头皮以命相搏只会引发更多的痛苦和折磨。一般而言，一旦你完全放下焦虑或停止挣扎，反而可能会听到更高力量的某种回应，或从他那里得到某种解脱。学会放手、将问题交托给更高力量并不是放弃自己的人生责任，相反它意味着在自助、自救的前提下，将问题交托给另一条援助的渠道。

总而言之，因任何困境而自责都是一种错误，无论它让你"瘫痪失能"的程度有多严重，无论它与你缠斗的时间有多久，都不要责怪自己。困境之所以出现，是为了培养和提升某种品质，让你的内在自我进一步完善。真正重要的是你如何回应以及从中能够学到什么——而不是困境本身。

4. 你的人生肩负着某种基于创造力的使命和任务。你必须开发出专属于你自己的创造天赋并贡献给这个世界。

你的人生并不是由一系列偶发事件随机排列而成——它背后其实是有计划的。这个计划高深莫测，不为人类所知道。计划的一部分由实现意识成长的课程所组成，我已在前面三个要点中介绍了这类课程。

这个计划还有另外一个非常重要的方面，那就是你的创造性才华、才能或"天赋"。我们每个人都至少有一种为自己的人生赋予意义和使命，且专属于自己的创造才能。开发和完全表达这种创造才能和天赋是你的"人生使命"或"天职"，我们已在本书第6章中详细探讨过这个主题。

人生使命是你觉得为实现人生的圆满、完整和完满一定得实施的某种任务，它为你所独有，是不可复制的。只有你才能完成这个任务。它来自你的内驱力，与父母、爱人或朋友对你的期待毫无关系。一般而言，它会让你超越自我，发挥出自己所独有的影响力。

你的使命或天职可以是某种职业，也可以是某种爱好——它的影响范围可以是整个世界，也可以只限于一个人。使命的具体示例包括养家糊口、掌握一种乐器演奏技巧、做义工帮助老弱妇孺、写诗、公共演讲或整理家里的后花园。

在开发和完全表达出你的创意天赋之前，你的人生似乎缺了一角。

你会焦虑不安，因为你没有抽时间做自己真正想要做的事，行使你与生俱来的使命。请参见第6章"寻找你的独特使命"，以针对应如何探索自己的独特使命这个问题进一步了解相关的理念和指引。

5.更高力量的支持和指引永远与你同在。

这个理念是本章大多数内容的基础。焦虑和恐惧源于你认为自己孤立无援——或认为孤立无援的状态势必使自己最终四处碰壁，甚至已得到的都会失去。事实上，你并不孤单。虽然有时你可能会觉得放眼四周无人伸出援手，但其实有一股力量永远都在你身边，只要你一招手，它便会拉你一把。更高力量可不只是一个创造宇宙、维护宇宙的抽象实体，它是一股你可与之建立个人关系的力量或存在。你与它之间的个人关系和你与另一个人类之间的关系别无二致，都一样亲密无间。

在这种个人关系中，你可以收获到支持和指引。支持通常以激励或激发热情的方式出现，可以在你情绪低落、沮丧失意的时候提振你的情绪。指引则表现为清晰的洞察力和直觉力，帮助你辨别自己应该做什么，然后给你指明方向。一般而言，这种受启发而生的洞察力或顿悟比你理性思考得出的任何结论都更明智。

你可能还是会半信半疑。既然灵感和顿悟源于潜意识，那它们怎么会和更高力量扯上关系？毕竟，更高力量似乎是一股割裂于你之外的力量。当然，从潜意识的角度来看，世间万物都是相互割裂的——你和他人、你和这个世界，甚至你和更高力量之间都是割裂的。然而，这里还有另一个层面，这个层面是意识心智所无法理解的，在这个层面上，万事万物皆为一体。东方哲学称这一层面为"万物停驻之所", 而现代物理学家戴维·玻姆则称它为"隐序", 即万物卷叠在一起形成一个整体的"序"。

要想得到更高力量的支持和指引, 你只需求助即可, 除此之外, 不需要任何其他代价。虽然听似简单, 但如果你认为自己必须亲力亲为想办法解决一切问题、绝不假手他人的话, 开口求助并不容易。如果你认为依赖一股无影无形的力量来支持自己似乎荒诞不经、丧心病狂或有失尊严的话, 你也不可能开口求助。要想信赖和依赖更高力量, 你需要一点点放下控制欲的意愿以及一点点谦卑(一般来说, 只有谦卑的人才能意识到自己无法仅凭一己之力解决某个问题)。放手并信赖他人是一种需要后天学习的能力。最具挑战的人生课程——将你推向绝对极限的课程——往往是最深刻地教导你如何放手的课程。

当你渐渐学会请更高力量为你的人生之旅保驾护航时, 你便会越来越相信, 有时放弃控制权的确是明智之举。请参见第 8 章"放手"以进一步探索这一主题。

6. 只要你愿意, 随时都可以与更高力量直接联系。

你可以真真切切地体验到你和更高力量之间的个人关系。这是一种双向关系——你可以从更高力量那里获得支持、指引、激励、平和心境、内在力量、希望以及许多其他天赋; 你也可以通过祷告将你的需求告知于神灵, 或直接表达你的感恩之情和敬畏之感。只要你愿意付出时间和精力, 这样的关系就能不断地深化和增进。

更高力量现身的方式多种多样, 而且你可以真真切切地感受得到。面对大自然油然而生的敬畏感、莫名其妙地产生深知灼见、同步性（不可思议的巧合）、失意彷徨时突然找到方向，以及各种小奇迹、小神迹都是比较常见的灵性体验类型。请参见本章前面的"个人灵性体验"练习，以探索你自己的灵性体验。

7. 向更高力量虔诚提出请求，终将得到回应。

第 7 点其实是第 6 点的延伸，它意味着更高力量是你获得支持和指引的源泉。这一理念强调，更高力量不会自动给你提供支持和指引——你得主动去要。

8. 你灵魂最深处或内心最深处真正渴望的东西往往会来到你身边。

有一个强有力的因素可以促进积极的变化，推动疗愈的进程，它就是真心实意。根据我的治疗经验和个人经历，我发现意念的力量之大足以激发奇迹。你坚信不疑并为之献身的梦想最后往往会实现。如果这个梦想符合你的最高利益，而且不会与其他人的最高利益相冲突，最后很可能就会成为现实。

源自内心深处的意念会将你的意识移至正确的轨道，然后专注于一个目标。与此同时，它似乎也会对外部世界的事件产生影响。外部世界的事件发展方向往往会自动顺应你内心最深处的意念。歌德在他的名言中精准总结了这一理念：

所有积极进取、极具创造力的行动都蕴含着

一个基本的真理，

忽略此真理将扼杀无数的创意与雄图壮志。

一旦决定从此投身，

天意随之而至。

种种机缘相伴发生，以促成
本无可能的奇迹。

一连串事件肇始于此决定，
有如天助，
各种难以预见、匪夷所思的巧合和助力
频频出现。

坚信自己有摆脱焦虑的能力不仅有助于提振情绪，乐观看待自己的境况，还能实实在在地帮助你将天意吸引到自己这一边，从而得到自己所寻求的对症疗法。你可以按照自己的信念真正地创造一个积极的现实世界，具体请参见第10章"打造你的愿景"。

9. 邪恶不是一股独立的力量，而是对人的创造力的一种滥用。

当你远离或疏远了内心最深处的存在时，你在头脑中、在物理现实中创造的东西可能无法保持和谐，亦不可能让你满足。当你与真正的自我脱节时，你可能会在人生中给自己挖坑，让自己陷入种种自我局限中。不过人无完人，所有人都有作茧自缚的时候，只是程度不同而已。我们每个人的人生都是优势和缺陷、光明和黑暗及我们称之为"善良"和"邪恶"的结合体。没有这样的两极分化，我们的人生便没有学习的空间。没有黑暗，我们就无法理解什么是光明——没有恐惧和丑陋，我们就无法领悟关爱和美丽的意义。人生如果没有两极分化和鲜明对比，就不可能提供诸多成长的机会。如果人生真的是一所学校，那么两极分化很可能就是我们的一堂必修课。

邪恶是对人的创造力的一种滥用，这时你做出的选择脱离了你内心最深处的自我，也就是你的灵魂。邪恶导致的结果与我们的最高利益相悖，使我们与健康、快乐和满足背道而驰。如果我们的选择符合我们的最高利益，我们自然会快乐、满足，对选择产生的结果自然也不会失望。除此之外的所有其他选择也许会带来某种程度的满足和／或痛苦，但不管是哪一种，都不会持续很久。

"邪恶"是一个相对的概念——它是一个程度问题。吃垃圾食品也许意味着脱离了真正的自我，但一般而言，我们不会用"邪恶"来形容这种行为；因无心之失伤害到他人当然也不是"邪恶"。那种可以用"邪恶"来形容的行为（如严重犯罪）往往是有预谋的，而且严重脱离了作恶者内心最深处的存在或灵魂。如果"我们皆是一体"或"在最高层面上息息相通"这类的说法成立，那么恶意伤害别人就是在伤害自己，乃至于伤害宇宙中的所有存在。

因此，我们的行为"应该"符合我们自己的最高利益，符合我们根据直觉判断出的最高利益。这并不是因为我们在任何道德意义上应该这样做，而是因为我们的最高利益始终是我们内心最深处、最内核的自我真正渴望的东西。如果这里有任何道德义务，那就是选择我们内心最深处的存在真正渴望的东西，正如莎士比亚所说的那样："最重要的是，必须对自己忠实。"当你不知道该如何抉择时，请扪心自问："我能做的对自己、对他人最有利的事是什么？"

10. 爱比恐惧更强大。纯粹剔透、毫无条件的爱源于更高力量，是你自己乃至于世间万物的核心。我们可以视恐惧为各种各样的脱离，它意味着脱离他人，脱离将世间万物融为一体的爱。

爱比恐惧更强大，因为爱走得更深、更远。从意识层面而言，爱是一种感受你的心超越自我、与他人或他物融为一体的体验。在更深的层面上，爱是整个宇宙的"基态"或关键基石。对于这一点，东西方宗教已达成共识。爱不是我们已拥有或尚未拥有的某种东西，它是真正定义人类本质和内核的一条黄金基准。恐惧也许会直抵内心深处，但论深度永远都无法与爱相提并论。毕竟，我们只有在脱离了将我们与他人、他物融为一体的"基态"时，才会心生恐惧。

绝大多数的焦虑情绪可能与害怕被抛弃、被排斥、被羞辱、被限制、伤病亡及害怕失控之类的特定恐惧相关。恐惧的形式有很多种，具体取决于你的现状和过往经历。不过，如果你没有"脱离"的话，这些恐惧根本不可能出现。恐惧的存在始终指向某种程度的脱离——要么是你的意识心智脱离了内心最深处的存在，要么是与他人脱离。如果我们所有人在本质上皆为一体，那么我们所感受到的每一种恐惧无论有多么真切，实际上都只是幻觉而已。如果我们以客观真实的眼光看待世界，那就没有任何理由恐惧了。

爱与恐惧可能是人类存在中意蕴最深刻的二元性。然而，前者永远都能轻松击败后者。

你的个人信仰系统

请将前面的 10 条灵性观想作为一个思考的出发点，好好反思你自己的灵性信仰和信念。

在这 10 条观想中，哪一条或哪几条对你最有帮助？有没有你不认同的理念？相信这些理念之后，你对焦虑症的看法产生了哪些改变？你的人生观又产生了哪些改变？你也许希望和爱人、知心好友，甚至牧师、神父或拉比（犹太教神职人员）探讨一番。

我们现在来复习一下这 10 条观想。

请在以下空白处或单独用一张纸写下你对每一条观想的想法。

关于灵性的 10 条观想：

1. 我们绝大多数的人生经历都是一门又一门、促进我们实现灵性成长的课程。所以，我们可以视人生为实现灵性成长的一所"学校"。

2. 人生中的逆境和困局并非随机无常的天意——它们是一个宏大使命的一部分。

3. 个人局限（包括生理和心理上的残疾）并非不幸，而是用于实现个人成长和灵性成长的挑战。

4. 每个人的人生都肩负着某种基于创造力的使命和任务。

5. 更高力量的支持和指引永远与我们同在。

6. 只要你愿意，随时都可以与更高力量直接联系。

7. 向更高力量虔诚提出请求，终将得到回应。

8. 我们的信念和期望塑造了我们的人生现实——心诚则灵。

9. 邪恶不是一股独立的力量，而是对人的创造力的一种滥用。

10. 爱比恐惧更强大，足以战胜任何恐惧。

现在应该怎么做

1. 复习本章内容，回看对你个人而言具有特殊意义的练习。

2. 下决心从本周开始，在日常生活中添加一项灵性活动或灵修（如祈祷或阅读灵修书籍）。

3. 给自己列一份灵修书单，这类书籍可以源于你信奉的宗教传统，也可以源于本章末尾的书单或附录3中的书单。每个月读一本书。

参考文献和延伸阅读

迪帕克·乔普拉《成功的七条精神法则》（1994年），加州圣拉斐尔新世界图书出版公司。

拉里·多西《找回灵魂：科学与灵性搜索》（1989年），纽约矮脚鸡图书公司。

雷蒙德·穆迪《死亡回忆》（1976年），纽约矮脚鸡图书公司。

罗宾·诺伍德《为什么是我？为什么会这样？为什么是现在？》（1994年），纽约颂歌南方图书公司。

斯科特·派克《少有人走的路》（1978年），纽约西蒙与舒斯特图书公司。

斯科特·派克《少有人走的路 2》（1993 年），纽约西蒙与舒斯特图书公司。

肯尼斯·瑞恩《走向奥秘迦——探索濒死体验的意义》（1985年），纽约威廉姆·莫洛出版社。

帕特·罗德加斯特《伊曼纽之书》（1985 年），纽约矮脚鸡图书公司。

帕特·罗德加斯特《伊曼纽之书 2》（1989 年），纽约矮脚鸡图书公司。

迈克尔·塔尔博特《全息宇宙》（1992 年），纽约哈珀柯林斯出版集团。

尼尔·沃什《与神对话》（1996 年），纽约普特南出版公司。

玛丽安娜·威廉姆森《光明》（1994 年），纽约蓝登书屋。

盖瑞·祖卡夫《灵魂的座椅》（1990 年），纽约炉边图书公司。

第 *10* 章

打造你的愿景

上天赋予了人类自由意志。你可以自行选择自由或桎梏、丰足或匮乏、快乐或痛苦，一切只取决于你最珍视什么样的思想和信念。你的生活往往会反映你深信不疑并身体力行的思维和理念。你信奉的理念无论好坏最后都会变为现实。

对生活不满时，请务必审视你是否有任何可能自酿苦果的自限性思维和心态。然后，你可以决定做出一项全新选择——改变心态，采用更具有建设性的视角看待问题。自由意志是一项值得敬畏的责任，与此同时它也意味着你始终有能力根据自己的思维和信念，重建自己的人生和现状。

如何创建目标

创建目标的第一步是真正相信你做得到。这意味着你必须设法抛开任何恐惧、犹疑、听天由命的心态或绝望，总之，要相信自己有能力达成目标。不要死盯着问题，而要将注意力转移到创建目标上面，而不是问题上面。这不仅需要开放的心态，也需要勇气和毅力。如果你能从问题中获得一种身份感（如问题的"受害者"），则需要主动放弃这种身份。如果你因为问题而头疼不已，则需要具备克服烦躁和痛苦的勇气，将主要精力用于思索你想在生活中拥有什么。最后，由于创建目标往往需要时间，因此你需要坚忍不拔的精神，无论这一路上遇到多少艰难险阻，都能不断设想并修正你寻求的目标。

为了具有咬定目标不放松的勇气和毅力，你必须愿意接受这样一个事实，即你所信的最终会实现。也就是说，你要敞开心胸，接受"心想事成"这条基本原则。如果你觉得这是一种天真的"天上掉馅饼"的想法，那么当你所设想的或坚信的没有立即实现时，你可能很容易泄气（我总结了一条心想事成的理论，具体请参见附录4，不过讲得比较抽象，有点偏哲学，所以如果不是很感兴趣可以就此忽略）。

我必须承认，第一次接受心想事成的理论时，我也持怀疑态度。如果这个道理成立，那么为什么这世上绝大多数的人都壮志未酬、祈祷未蒙答复？如果克服困难只需选择换一种信念即可，那为什么这世上还有这么多人不能仅凭"选择"就可以走出人生困境？如果新的信念真能实实在在地付房租、买食物，那对我来说，其中的道理显然不可能一眼就能看穿。不过后来想明白了三件事，我的疑虑就此打消，于是我真真切切地相信人生的境遇会如实反映你的信念。第一件事是最重要的，那就是当我把这个理念付诸实践时，我发现它真的屡试不爽。我有许多次故意观想并树立一个貌似不可能实现或难于登天的目标，然而只要我观想得足够纤毫毕现，令我啧啧称奇的是，这个目标真的会实现。这样的奇迹经常发生，以至于我不得不相信"心想事成"真的成立。

第二，我发现"打造你的现实"并不是天下掉馅饼的白日梦，

237

也不是"痴心妄想",因为所有该下的苦功你仍然一样都少不了。观想未来的幸福生活并不能付房租,也买不到食物,除非你付诸行动,例如,出去找工作。不过,观想也许会帮你铺平找工作的道路,它可能使一系列事件融合在一起形成巧合,然后你正好接触到了关键的人或置身于关键的场合,仿佛冥冥之中有一只手指引你找到"正确的工作"。观想康复的场景当然不能让你摆脱焦虑症,你仍然需要根据具体情况,有意识地纠正扭曲的自动思维、练习放松、坚持做功课、运用实境暴露疗法或提升魄力。然而,如能诚心实意地观想并坚信能梦想成真,命运也许会"吸引"你找到正确的心理疗师、对症的疗法或其他支持资源,其结果之神奇完全出乎你的意料,甚至是你之前连想都不敢想的。因此,将信念与所有必不可少的苦功相结合,外部环境往往会"合谋",帮助你收获显著的康复效果。

第三,我渐渐意识到,当你选择树立一个积极的目标时,最后圆梦的方式可能和你预期的不一样。在梦想变为现实的过程中,命运可能会对你的目标做一些调整。例如,你渴望收获一段甜蜜的爱情,却没有"吸引"到新的爱人,相反只得到了一个需要养育呵护的孩子。或者,你可能希望自己的焦虑症百分之百治愈,结果只治愈了80%,不过却收获了全新的心态以及平和的心境,可自行治愈剩下的20%的症状。真正重要的是,不要执着于目标变现的确切方式。只需明白一点,即便目标实现的方式和你最初设想的不一致,但就本质或精髓而言,你的目标是可以实现的。如果渴望平静的生活,你可以自己适时创造。

"心想事成确有可能"是我在自己的疗愈之路上获得的最醍醐

灌顶的顿悟。本质上而言，它意味着人生没有不能克服的逆境。无论困难有多深重，都不必自怨自艾，因为你可以创造一个全新的现实。心灵和灵性的力量永远都可以击败任何逆境的破坏力。仅仅是意识到这一点，就给了我巨大的希望和乐观心态。我希望你也是如此。

鉴于以上几个因素，创建目标时请考虑下面的七步流程。你可以运用以下七大步骤观想自己摆脱焦虑症的情形——或观想实现任何其他目标后的情形，并相信一定会实现。这些步骤对我自己、对我的许多客户都非常有效。请务必阅读这些步骤后面的小节，以了解如何观想和自我肯定，以及如何清除阻力、摒弃自限性思维。这些小节可以帮助你实施步骤二和步骤三。在创建目标的过程中，如需本章之外的额外指引，我强烈建议你阅读夏基·加温的《创造性观想》（1995 年）。虽然这本书距初版已过了 20 年，但就讲述创造过程而言，它仍然是我所阅读过的最清晰、最有条理、最实用的一本书。

创建目标的步骤

1. 树立目标

确定你想在生活中改变什么或实现什么。一般而言，你的目标可能是战胜焦虑症。不过，你的目标可以是任何层面上的，例如，生理上的、情感上的、精神上的或灵性上的。也许你想找一份新工作、开始一段新的感情（或改善现有的感情）、厘清思维以便做出重大决策、收获平和的心境。为具体介绍创建的整个流程，我们先假设你的目标是克服慢性焦虑症或恐惧症，重获完满与健康。

2. 观想或肯定你的目标（或两者兼而有之）

针对你的目标在脑海中形成一幅图景或一段陈述性文字，想象自己已实现或达成目标的情形。观想的时候，请描述目标实现后你的生活会怎样，你会有什么样的感受，观想得越细致越好。你可以设计出一句或多句给自己打气的肯定句，这样的句子应该积极正面，运用现在时态，营造出你已实现目标的氛围。举例来说，如果你渴望重获完满与健康，你可以说："我的身心现已完满，无比健康。"请参阅下面介绍观想和自我肯定的小节，以进一步学习如何写肯定句。

3. 承认犹疑或恐惧的存在，然后设法抽离

这个步骤非常关键。如果你怀疑或不敢相信自己有能力达成心愿，请花一点时间承认这类情绪的存在，但不要加以关注，也不要为此投入任何额外的精力，尽可能地让自己从这些情绪中抽离出来。如果它们突然冒出来，你可以把它们写下来，之后再下决心摆脱它们的纠缠，重新把精力放在目标上。你越不理它们，这类恐惧的威力就会越弱，直至最后在你的"冷暴力"之下郁郁而终。举例来说，如果你正在试图克服慢性焦虑症，你可能会有犹疑或恐惧的想法："我得这种病已经有 20 年了，肯定是好不了的。"你也有可能这样想："我的焦虑症陪了我这么多年，就像老朋友一样，如果有一天它突然消失，我都不知道如何是好。"这个时候，只需静观这些心态偷偷冒出头来，承认它们的存在，然后下决心对它们施以"冷暴力"，专注于你重获完满和健康的目标。请参阅后面的小节"克服恐惧、犹疑和自限性思维"，以获取这方面的更多指引。这一小节可以帮助你摆脱自限性思维和心态，从而平心静气地坐下来进行创造性的观想和自我肯定。

4. 放松

放松可以帮助你在观想和自我肯定之中注入更多能量和存在感。如果你在心烦意乱的时候观想或自我肯定，往往很难将意识能量集中于一点，因为你的意识本身就有如一盘散沙。放松可以帮助你涤清杂念，全神贯注，然后你运用意念进行观想或自我肯定会轻松得多。事实上，有研究表明，在放松随意、天马行空的遐想状态下观想治愈画面，其效果远甚于在思绪活跃、条理分明的思维状态下观想。

在观想或自我肯定之前，你也许可以借助渐进式肌肉放松法、冥想练习、有助于放松身心的磁带或音乐来放松。

5. 专注于观想或自我肯定，越细致越好

放松后，给自己充足的时间专注于观想，越细致越好。或缓慢地重复默念自我肯定语，直至将其深深刻入脑海。尝试将观想画面放入当下的背景，全神贯注、心无旁骛地专注于这个过程。这时你需要厘清思维，细致入微、不紧不慢地观想或自我肯定。

6. 激活意念

你越是全身心地相信观想画面或自我肯定语，就越能心想事成。将心灵和灵魂投入其中，可使你的观想画面或自我肯定语增强"魔力"，以吸引你梦寐以求的能量。观想目标时不妨持积极向上的心态，夯实自己的信念，让自己相信你真的可以实现目标，而且这个目标正在一步步朝你走来。将更高层次的自我（内在自我）投入意念之后，你才会开始吸引超越你的资源（更高力量），让这股力量助你圆梦。

7. 每天重复观想或自我肯定的流程，直至梦想成真

重复观想 / 自我肯定有助于坚定信念。首先，坚持将注意力从

犹疑、恐惧转移至目标上面，这有助于化解这些怀疑的情绪，同时，你对目标的信念以及投入精神都会随之加强。其次，重复会实实在在地增强信念的能量，这意味着实现目标后的画面或文字描述会更清晰，从而帮助你在物理层面上吸引种种达成梦想所需的资源。这个坚持不懈的过程会不断夯实"精神控制物质"原则。

请务必坚持这个过程，不断地观想或自我肯定，直至最后梦想成真。这个过程可能需要几天、几个星期、几个月甚至几年。

观想

你可能会担心自己无法观想目标，因为你的大脑不会一下子"看到"观想的画面。请注意，观想不需要你纤毫毕现地看到这些画面。有的人天生就是视觉型的，而另外一些人则倾向于听觉或动觉等感官体验渠道。重要的不是细致入微地"看清"目标，而是能够在观想时产生一种信念感。信念的力量、为目标而奋斗的献身精神才是衡量你能否真正打造愿景的黄金标准。

如果你仍然担心自己无法观想，请参考以下脚本，直到你对自己的观想能力感到满意为止。你可以请朋友帮你读，也可以将它录下来，这样有助于观想时放松身心。你越放松，观想的画面就越细致。

海滩

你沿着一条长长的实木楼梯逐级而下，走到一片水清沙白、广阔无垠的海滩。这里寂静无人，一眼望不到尽头。沙滩细软绵白，你赤着脚踩上去，用脚趾揉搓着细沙。在这片如梦似幻的沙滩上漫步无比惬意。浪花拍打海岸的声音具有一种抚慰人心的力量，让你不由得忘却了世间的纷纷扰扰。你静看海浪起伏……浪花缓缓涌上来……相互追逐嬉戏……然后又缓缓退下去。海洋本身就是一件绝美的艺术品，只是怔怔地看着它就能让你宠辱皆忘。你的视线沿着海水表面一直看到地平线，然后再沿着地平线一直看到海天一色之处，想象海洋如何沿着地球的曲面微微向下弯曲。在你举目四望之际，你看到离海岸很远的地方，有一只小小的帆船悠游于水面之上。所有的这一切美景都可以帮助你忘却烦恼，进一步放松身心。

继续在海滩上漫步之际，你突然意识到海风自有一股清新的咸湿气息。你深吸一口气……悠悠呼出……整个人顿时神清气爽，通体舒泰。你发现头顶有两只海鸥向大海飞去……它们追风而去，姿态优雅至极……你情不自禁地想象，如果你也能展翅高飞的话，那该是多么逍遥自在。你继续在海滩上漫步，发现自己已沉浸于一种深层次的放松状态。你感觉海风轻轻抚摩着你的脸庞，和煦的阳光照在你的头上，又一直洒在你的脖子上、肩上。温热的阳光如水般温柔，让你整个人放松至极……在这片如世外桃源般的海滩上，你开始感觉无比满足。这样的一天实在太美好了！

不久之后，你看到前面一张舒适的沙滩椅。你缓缓地向沙滩椅走去……最后走到近旁时，你坐下来整个人躺在椅子上。你在这张舒适的沙滩椅中舒展手脚，不再计较任何得失，只是进一步放松身心，感觉飘飘欲仙，几乎可以飞起来。过了一会儿之后，你可能会闭上双眼，全神贯注地倾听海浪的声音，让潮来潮往、循环往复、无穷无尽的声音抚慰你的灵魂。海浪的韵律声声入耳，带你缓缓走进一个越来越幽深、静谧而平和的绝妙秘境。

现在，请写下你的脚本，你可以想象自己实现目标后的画面，画面应尽可能地生动细致。心愿达成后，你生活中的普通一天是什么样的？会增加什么样的新生事物？你会有什么样的感觉？你的生活环境会不会有变化？如果有，届时会有哪些变化？你会如何对待家人？他们又会如何对待你？

针对以上这些问题细致入微地写下你的脚本之后，不妨请朋友帮你读，也可以将它录下来，身心放松的时候拿出来听听。多加练习之后，你会发现自己观想细节的能力变得更强了。

以下是一个观想细节的示例，作者是我的一位客户，她描述了自己理想的一天。

早上5点我已经起床了，这一刻的我容光焕发，没有头晕，也没有焦虑。我信步走进厨房，为丈夫史蒂夫和自己准备早餐。我的思路很清晰，思绪涌动的速度不紧不慢，行动亦从容自如，没有疼痛，亦毫无僵硬之感。我一边干活，一边说一些给自己鼓劲打气的话，考虑规划这一天的安排。坐下来吃早餐时，我和史蒂夫探讨这一天的安排，还欣赏了一下窗外的小动物们。到了6：15，史蒂夫该出门上班了。我祝福他今天一切顺利，然后高高兴兴地准备晨练。我很喜欢晨练：瑜伽可以强健我的体魄，柔韧我的身体，抚慰我的心灵；有氧运动带给了我耐力、力量和能量；而放松练习和冥想则给了我内心的平静和安宁。

我发现自己有使不完的劲。我心平气和，与这个世界、与我自己都能和谐相处，我精力充沛，通体舒泰。我喜欢健康食物，我开始给自己准备一点健康的小零食。我一边缓缓地穿衣打扮，一边做腹式呼吸，使用自我肯定语抚平预期的焦虑情绪或纷乱的思绪。这可以帮助我专注于当下……现在我想象自己坐在书桌前，沐浴在明媚的阳光之中，一边欣赏窗外的风景，一边安排这一天的日程以及各项事务的先后次序。决定很容易，安排日程也得心应手。我的日程安排可以让我平衡所有活动。今天日程安排的每一项都让我期待不已，没有任何一项让我反感。午饭后如果愿意的话，我可以休息、阅读或小憩。我发现轻松宁静、自信满满地度过一天并不难。如果发生意外或不同寻常的事，我知道我可以应付裕如，并根据情况重新调整生活重心……

现在，我看见自己不慌不忙地走到车旁，然后开车去超市，我喜欢出门。准备开车的时候，我的行动如行云流水，一气呵成。开车的时候，我始终淡定自若。整个行程都很顺利。现在对于开车去超市，我越来越得心应手。去程和回程的路上我的表现都可圈可点……

现在，我看见自己准备去高尔夫球场练球。这是我的爱好之一。高尔夫球运动教我学会了认清自己，这让我很是感念。今天，我要通过高尔夫学习一些人生哲理——例如，"少安毋躁""顺其自然""笑并快乐着""少即是多"以及"人生是一个持续的过程，而不是一项必须完成的任务"。我会看到像孩子一样嬉笑玩闹的自己变得越来越强大。在清幽静谧的环境中结识朋友真是太美好了……

在回家的路上，我计划晚餐的菜式以及晚上的安排。除此之外，我还考虑该如何运用自己摆脱焦虑／恐惧／抑郁的经验帮助他人。一想到我可以通过自己的经验帮助他人战胜或更从容地应对焦虑症，我就不由得兴奋起来。走进家门时，我感谢上帝给了我美好的一天，赋予了我如此多的平安喜乐。在外面转悠了一天之后，我开始不紧不慢地做家务。休息的时候，我坐在地板上和狗狗伯格斯嬉戏。它真是一个善解人意的知心好友。它总是让我开怀大笑，我总是不由得想，生活中最大的快乐莫过于这些微不足道的点点滴滴。做晚餐的时候，我开始回顾这一天的经历。我学到了什么？能总结出什么样的经验教训？这一天我过得充实惬意，富有成效，晚餐我和史蒂夫吃得很开心。晚饭后开始准备上床看书，或听一听我练习观想的磁带。也许我还可以泡个热水澡好好放松一下，或者只是坐在露台上观赏院子里的动物。

描述你的目标观想

请观想你实现目标后的情形，然后在下面的空白处或单独用一张纸详细描述观想的画面。

请注意，如果你的观想与治疗恐惧症相关，你可能需要先在想象中进行脱敏处理。如果你只要一想象自己即将进入恐惧情境，就会不由自主地焦虑，这种想象脱敏训练就非常有必要。不妨将观想按从易到难的顺序分为几个步骤。举例来说，如果你害怕坐飞机，可以观想自己先进入机场，然后托运行李，之后再走进登机口。等你渐渐适应这些情境之后，再开始观想乘坐飞机的各个情境，从上飞机开始，然后是找座位，等舱门关闭，之后则是飞机在地上滑行直至起飞，等等。反复观想每一个情境，直到你不再有任何焦虑情绪，之后再继续观想下一个情境。如需了解想象脱敏训练的具体说明，请参见《焦虑症与恐惧症手册》第 7 章。

自我肯定

你大脑中的许多想法都源于父母、同辈和整个社会给你灌输的基本理念或"核心"理念。这些理念中有相当一部分都有毒——事实上，它们往往是你经受的诸多焦虑和压力的来源。"我无力改变现状""我有很大的缺陷"或"我不配追求梦想"等想法就是这类自挫性理念的典型示例。

自我肯定是一种"夯实"信念的方法。练习运用自我肯定语可以帮助你培养更具建设性的信念，更积极地看待自己、他人以及生活，从而摒弃过去所持的一些负面的自挫性信念。首先，运用自我肯定语可以帮助你克服源于负面信念的任何抑郁或焦虑情绪；其次，自我肯定语可以为你吸引到与其积极心态相对应的好运气。你可以运用这些肯定语创建目标。

以下是自我肯定语的一些示例：

- 我正变得越来越成功。

- 我拥有我需要的一切财务资源。

- 现在，我有一份报酬丰厚的优差。

- 现在，我有一份和谐美满的感情。

- 我充满活力，健康而完满。

- 我喜欢自己原原本本的样子。

- 我尊重自己，信任自己。

- 我和_____的感情越来越甜蜜，越来越和谐。

- 我真是要风得风，要雨得雨，心想事成。

写自我肯定语以反映你要达成的目标时，请遵循以下指引：

1. 自我肯定语必须为现在时（"我很成功"）或现在进行时（"我正在成功"）。不断提醒自己你渴望的某些变化正在发生，总可以让你不断朝目标迈进。

2. 避免用否定语。将"我不再害怕公共演讲"替换为"我正在学习享受公共演讲"或"公共演讲对我来说是小菜一碟"。

3. 自我肯定语应该简短积极。"我的身心健康而完满"比"我正在克服恐慌发作的问题"更好。

4. 自我肯定语应该以新目标为框架，而不是以旧问题为框架。如前面的例子所示，应专注于你希望达成的目标，而不是描述你要克服过去的某些问题。

5. 你必须相信自我肯定语，或至少愿意相信。然而，这绝不意味着一开始的时候你就应该百分之百地相信自我肯定语，重点在于将你的信念和心态朝着自我肯定的方向转移。

针对你的目标撰写自我肯定语

请在以下空白处写下肯定目标一定会实现的、积极自信的语句。

运用自我肯定语的方法

写出一条（最好是好几条）能够反映目标的自我肯定语之后，你可以采用以下几种方法加以运用。

1. 全神贯注地抄写自我肯定语，抄5~10遍。一遍又一遍地抄写时，尝试夯实信念，越来越相信你写的积极自信的语句。在纸的反面，写下你在这一过程中产生的任何犹疑或恐惧。请参见下面的小节"克服恐惧、犹疑和自限性思维"，以了解如何克服这些负面思维。

2. 将自我肯定语录音，用第一人称录5遍（如"我健康而完满"），然后再用第二人称录5遍（"你健康而完满"）。每念一遍自我肯定语就停顿5~10秒，给自己留一点思考冥想的时间。你的录音时长为一两分钟。每天听一两遍录音，注意要在放松、专注的状态下聆听，至少听30天。录音可以随时听，做家务、开车的时候都可以听。不过，在放松、专注的状态下聆听可以极大地提升心理暗示的效果。

3. 默念描述目标的自我肯定语，逐渐进入宁静的冥想状态。心情放松、全神贯注的时候，缓慢重复默念自我肯定语，坚定自己的信念。重复这一过程，持续 5~10 分钟。你越全身心地相信自我肯定语，它就越能吸引到你所需的资源。如出现任何犹疑或恐惧，请在重复这一过程之前予以清除（遵循以下小节中的指引）。

克服恐惧、犹疑和自限性思维

我们许多人都渴望摆脱身体、心灵和生活中的种种困扰，然而却心怀犹疑和恐惧。各种各样的阻力挡住了我们的前路。你可能不敢实现心愿，或者你觉得自己不配实现心愿。一般而言，犹疑和恐惧都是无意识的。如能意识到它们的存在，你就能设法克服它们，为观想和自我肯定扫清障碍，使其得以发挥效力。

以下是一些最常见的障碍：

1. 害怕变化

与以身犯险进入未知领域相比（如果你真心渴望改变，这始终在所难免），紧紧抓住自己所熟悉的事物虽然让人不适，但起码有安全感。忍受恐慌症和恐惧症——或强迫症——虽然痛苦不堪，但至少已习惯成自然。连想象自己有朝一日失去这些"枷锁"都有可能是一场翻天覆地的巨变，以至于你一想到这一场景便会无意识地心生畏惧。

2. 不愿放弃隐藏在问题之下的潜在利益或"福利"

保持生病状态往往能让你有机会得到许多关注和特别照顾。你也许也有理由不上班，不必经受外面世界的风霜雨雪，不必离开痛苦的婚姻，更不必孤身犯险。简而言之，生病可以给人带来诸多潜在或没那么潜在的福利。这样一来，患者便很容易一边抱怨个没完，一边假装自己渴望康复，但在内心深处并没有那么渴望。

3. 摆脱问题后会不知所措

也许你的身份感源于焦虑症或家庭悲剧、财务问题、职场失意等其他不幸。你也许需要扪心自问，你是否觉得自己是周遭环境的"受害者"？如果正是这些问题给了你自我感，那么摆脱它们可能并不容易，因为化解问题就等于放弃你自己的身份。真正的改变意味着摒弃惯常的视角，换一种方式来看待自己。

4. 害怕放弃控制权

害怕失去身份感有一个"近亲"，那就是害怕放弃控制权。如果你总是千方百计地试图操控周遭环境来"征服"自己的问题，也许你很难放弃控制权，请他人或更高力量来拉你一把。当然，在战胜焦虑症或任何其他问题的过程中，你非常有必要培养责任感。然而，这种责任感可能会走极端，导致你不愿意放弃控制权，并将所有外界的帮助拒之门外。第 8 章"放手"深入探讨了这个问题。

5. 低自尊

如果你尚未学会自尊、自爱、自信，可能会下意识地认为你不配得到自己最渴望的东西。一般而言，你必须化解过往经历带来的内疚感或羞耻感，原谅自己过去犯下的所谓错误或罪过。放下羞耻感、真正学会自爱之后，你会开始相信自己有权享受健康、快乐和成功。如需进一步了解这一主题，请参见第 5 章"处理你的性格问题"。

6. 特定的错误思维

上述阻碍都和错误的自限性思维有关,它们会干扰你实现目标、解决问题的能力。以下是一些错误思维的特定示例,它们都会阻碍你观想或自我肯定的进程。如果你真的很想治愈自己的焦虑症或解决任何其他问题,我在此强烈建议你读一读露易丝·海的《生命的重建》(1984 年),我在下面列出的错误思维有一部分就摘录于这本书。

阻碍你成长和改变的错误思维

- 我不该尝试这个。

- 这太费精力了。

- 这太昂贵了。

- 这太费时间了。

- 这不实际。

- 我的家人从来都不会做这种事。

- 正常人都不会做这种事。

- 正常的男人 / 女人都不会做这种事。

- 别人不会让我这样。

- 目前的环境不允许我这样。

- 他们不会让我改变。

- 医生不希望我这样。

- 我工作忙,腾不开身。

- 他们得先做出改变。

- 我的爱人、家人、朋友……不会同意的。

- 我不想伤害他们。

负面的自我概念

我：   太老   太虚弱   太懒

             太年轻   太无知   陷得太深

             太胖   太聪明

             太瘦   太穷

             太矮   太失败

             太高   太无可救药

拖延战术

- 我等会儿再做。

- 我现在没时间。

- 我手头其他的事太多。

- 等＿＿＿先解决了我再做。

恐惧

- 我可能会失败。

- 他们可能会排斥我。

- 我可能会受伤。

- 我的爱人、朋友、上司或者别人会怎么看？

- 我可能得改变。

- 我没有这个精力。

- 天知道我最后会如何收场。

- 这可能有损我的形象。

- 我还不够好（所以不配）。

- 上帝才懒得理会我的小问题。

常见的自限性思维

- 我感觉自己无能为力，脆弱无助。

- 我常常觉得自己是外部环境的受害者。

- 人生太艰难了——它本来就是一场角力。

- 我不配，我觉得自己不够好。

- 我的状况似乎无可救药。

- 我在根本上就有问题。

- 我觉得如果没有人爱我，我就一文不值（或者不可能实现梦想）。

- 别人对我的看法非常重要。

- 别人一旦看清我的真面目就不会喜欢我了。

- 我不能指望别人来帮我。

- 我不能和别人走得太近，不然就会被他们控制。

- 我的问题只能靠自己解决。

- 这就是我的本色——我是不可能改变的。

如何化解自限性思维

看完前面列出的自限性思维之后，你可能对那些阻碍你创建目标的负面心态和思维有了更深的了解。如要进一步克服这些思维，请遵循以下练习。

"化解自限性思维"练习

请在以下空白处写下这样一条陈述"我不配拥有（你的目标）的原因是……"，然后列出你能想到的所有理由。等写完之后，请花一点时间好好反思你写的内容：你在多大程度上相信它们？

你在阻碍目标的负面心态上所耗费的精力越多，对其越深信不疑，实现目标就越难。请找出你认为的最具限制性的特定心态和思维，单独找一张纸把它们记下来。如有任何其他负面思维，请添加至上面的自限性思维列表之中。现在，你已做好准备，可以开始化解和释放这些负面思维了。只要心怀诚意，严格遵循以下步骤，它们发挥的效果之神奇可能会让你惊叹不已。

1. 接受你有负面思维这一事实

不要试图否定它，也不要因此而自责。你很可能并非有意识地选择相信这些思维，只是长期以来受到父母、同辈或社会大环境的调教而下意识地选择相信它们。在摒弃消极思维之前，你必须接受它们已成为你生活的一部分这一事实。

2. 承认这类思维给你带来了恐惧或痛苦

痛苦的感受往往与负面思维相伴相生。举例来说，如果你认为自己不配拥有某个目标，则必须找出这个思维引发的内疚感或羞耻感，并将它表达出来。又或者，如果你害怕真正拥有自己梦寐以求的东西，则必须表达出这种恐惧。在化解负面思维的所有步骤中，向心理医生或密友吐露心声带给你的收获很可能是最多的。在值得信赖的倾诉对象面前，往往更容易承认自己长期以来深陷于痛苦之中。不过，如果你选择自行化解，也可以在纸上写下自己的感受，或对着录音机倾诉。

表达痛苦感受的关键在于同情、怜悯自己，原谅自己，尤其是原谅自己有恐惧、羞耻或愤怒等可能导致自己不敢信任自己的任何负面感受。另外，找一位善解人意的心理医生或朋友打开心结，也许可以帮你加快这一进程。

3. 问自己是否已准备好并愿意放下负面思维

死死抱住自限性思维是不是让你得到了某种享受？坚守这类思维是不是让你在潜意识层面得到了某种好处或福利？你可以接受——并已准备好迎接——摆脱了这类思维之后的全新生活吗？请回顾前面的抗拒变化的理由列表，并确定你是否已完全准备好且愿意放弃自己的自限性思维。请注意，虽然放下根深蒂固的负面思维不可能发生在电光石火之间，但只要你真心实意地有这个意愿，破茧成蝶只是时间问题。

4. 借助仪式释放负面思维

你可以将释放负面思维的过程象征化，这时不妨将写有负面思维的纸撕成碎片或付之一炬。此外，你还可以重复以下肯定语，鼓励自己就此放手：

"现在，我放弃负面的自限性思维。"

"我就此释放并放下阻碍我前进的恐惧、羞耻或内疚。"

"现在，我已成功摆脱了对我毫无益处的心态。"

"现在，我所有的负面心态均已化解于无形。"

执行完前面的步骤后，你已在大脑和心灵中腾出了一块地方，这时便可以针对你希望创建的目标进行观想和自我肯定了。请记住，在人生中创建全新篇章可能需要时间，这是一个循序渐进的过程。你可能需要经常重复化解负面思维的流程，直到完全将它们化解。这就好像给花园除草，在你的花花草草完全成熟之前，你可能需要经常除草。

小结：有助于创建目标的心态

以下六大心态可以帮助你成功夯实康复的信念，或帮助你创建生活中的其他目标。

承认并释放感受

对困境所持的恐惧、愤怒和受害者心态只会把你束缚在泥沼之中，而不是打开疗愈和解决问题的大门，因此，承认自己对困境所持的负面感受并表达出来至关重要。建议找心理医生、知心好友或者日记、录音机吐一吐苦水，然后你就能腾出一块宁静的空间，这样一来，你的观想或自我肯定便会事半功倍。

在学习承认并释放负面感受的过程中，修习非常有帮助。请参见第 7 章以了解冥想的作用。

勇气

当困境露出狰狞的面孔时，你需要勇气相信自己一定会被治愈，问题一定会得到解决。勇气意味着在被困境吓到甚至压倒之后，你没有屈服。相反，你重新站起来，不管前路布满多少荆棘，你仍然相信自己能杀出一条血路。在恐惧、绝望或愤怒的夹击之下坚守信念需要极大的勇气，然而，这也是你能做的最有力的反击。遭遇挫折时向更高力量求助可以帮助你保持前进的正确方向，也许也能帮你扫清一些障碍。

信任

真正的信任意味着你相信创建以及重建目标的可能。你坚信，观想或自我肯定能够切切实实地帮你吸引到资源，虽然你不知道会如何吸引。我在本章前面已介绍过创建目标的流程如何真正起效的模式。然而，这个模式离完成还差得很远，对你而言并不是特别有说服力或信服力。归根结底，我们都不可能完全理解创建目标的流程会如何真正地发挥作用。相信它一定会起效的信念最终并非源于智力上的理解，而是源于个人体验。

如果你对观想或自我肯定的效力持怀疑态度，我在此建议你遵循本章提供的所有指引亲自尝试一番。要想确保试验的公平性，请务必坚持运用创建目标的流程，朝着某个特定的目标不懈努力，直到获得你所认为的真正的成果为止。要想真正信任创建目标的流程，最佳途径莫过于直接体验到它带来的成功。

坚持

在此我有必要重复前述内容，请务必坚持观想或自我肯定，直到问题以这样或那样的方式得到解决。当你一开始观想、自我肯定后升腾而起的初心被忧虑或犹疑遮蔽之时，坚持就显得尤为重要。你希望克服的困境需要时间才能露出狰狞的面目，创建全新的现实同样也需要时间。举例来说，如果你的焦虑症不仅源于扭曲的思维和反应模式，还源于根深蒂固的神经生物学问题，要想完全康复可能需要很长一段时间，也许需要几个月甚至几年才能痊愈。不过只要你愿意坚持不懈，不屈不挠，不仅能够付出直接的努力（做功课），还始终如一地相信自己一定能康复，最终势必会收获满意的结果。

信念

信念可以帮助你坚持下去。信念意味着相信无论世事如何变幻，从长期来看，"善"终将会战胜种种限制。对于信念这个问题我已写过很多，不过从本质上讲，它只意味着相信你生活在一个充满慈爱的宇宙之中，抛开一切表象，万事万物最终都会本着我们的最高利益向前发展。我们没法从逻辑上论证这个宇宙就一定充满慈爱，这种信念仅源于个人体验，源于更高力量带给你的最直接的直观感知。

主动出击

尽你所能采取行动来实现目标是一种夯实和激活意念的方式。这时你不仅仅是观想或空谈目标，你在切切实实地付诸行动。当你行使自己的职责时，就等于打开了为你提供帮助和指引的通道。当你朝着目标迈出第一步时，下一步该如何走的灵感往往会自动冒出来。

现在应该怎么做

1. 确定你要创建什么样的目标，然后使用"如何创建目标"小节中的七步流程将理论付诸实践。开始观想，撰写一系列给自己打气的自我肯定语以定义目标。经常重复这一流程，直到取得理想的效果为止。

2. 回顾"克服恐惧、犹疑和自限性思维"这一节，想想你在实现目标的路上自行设置了什么样的障碍。采用"如何化解自限性思维"小节中的四步流程释放负面心态。放下这些根深蒂固的心态或思维时，请排练观想或自我肯定，排练 2~3 次。如果这些特定的负面思维引发了悲伤、愤怒或羞耻等感受并需要排遣，建议向心理医生求助。如需进一步了解创建目标的流程，请参考以下文献资料。

参考文献和延伸阅读

茱莉亚·卡梅伦《心的声音》（1997 年），纽约塔彻尔 / 普特南出版公司。（提供 100 余种肯定式祈祷词范本，适用于各种各样的情况）

迪帕克·乔普拉《成功的七条精神法则》（1994 年），加州圣

拉斐尔新世界图书出版公司。（简明扼要地介绍了乔普拉医生的精神哲学）

韦恩·戴尔《心想事成的九大心灵法则》（1997 年），纽约哈珀柯林斯出版集团。

夏基·加温《创造性观想》（1995 年），加州圣拉斐尔新世界图书出版公司。

露易丝·海《生命的重建》（1984 年），加州圣莫妮卡贺氏书屋。

欧内斯特·霍姆斯《念力的科学》（1988 年），纽约普特南出版公司。（介绍肯定式祈祷的经典书籍）

欧内斯特·霍姆斯《如何运用念力的科学》（1995 年），洛杉矶念力的科学出版公司。

刘易斯·梅尔 - 麦德罗纳《郊狼疗法》（1997 年），纽约斯克里布纳出版公司。（作者是一位斯坦福大学毕业的医师，他将主流医学与美国原住民治疗方法相结合。阅读体验非常棒）

詹姆士·雷德非《圣境预言书》（1993 年），纽约华纳图书出版公司。

第 *11* 章

爱

爱和恐惧是相互对立的，从根本上而言，它们背道而驰。有爱的时候，我们会自然而然地与超越我们自身的人或事产生连接；有恐惧的时候，我们会迫切地渴望逃避或远离令我们恐惧的人或事。人不可能完全与世隔绝，我们所有人都不可避免地需要与爱人、家人、社区、大自然乃至于宇宙建立关系。爱是停驻于人心之中一股与生俱来的力量，它以各种各样的方式激励我们与"他者"融合。

　　另一方面，恐惧是我们本能的一部分，它驱使我们远离感知到的威胁。它是一种分离的力量，旨在保护我们个人的完整性，让我们不至于受到生存威胁的伤害。在某些情况下，恐惧是保护我们的，但在更多的情况下，它是一种假警报。只要我们想象到威胁，无论这种威胁是否真实存在，恐惧便会导致我们感受不到爱或平静。因为我们以前受过伤害甚至创伤，所以习惯于条件反射般地投射出想象的灾难场景。这种可怕的投射场景导致我们远离当下，远离我们内心深处的声音，远离支持我们的生活矩阵。毫无根据的恐惧孤立、隔离我们，而真正的爱则将我们与他人融为一体，将我们的恐惧消弭于无形。

　　爱从本质上而言并不是某种需要学习的能力。它是灵魂的馈赠——是一股停驻于内心深处的与生俱来的潜能，无论你的意识表面周围有什么样的思维，它始终都在。我们可以学习、练习的是如何将内心深处的爱显现出来，呈现其原貌。学习爱意味着学习扫除障碍，使内心深处与生俱来的爱得以自然流动。爱是一种帮助你融入这个世界的潜能，人在婴儿时期这股潜能比较明显，它和你的本能需求相生共存。无论婴儿期之后你有过什么样的遭遇，这股给予爱、接纳爱的潜力一直都在，随时等待着被唤醒、被滋养。

恐惧的根可能扎得很深，但没有爱的潜能那么深。爱位于你内心最深处的核心位置，我相信它归根结底源于更高力量、灵性、"可能性的无限场域"或者你选择的称呼更高力量的任何名词。我在这里谈论的不是爱情、激情、亲情或友情等世俗的爱（虽然这些类型的爱无疑也很崇高），而是你在真心实意地给予谅解、怜悯、善意和无私关爱时体验到的至高无上的爱。这种爱有时亦被称为"无条件的爱"——这是一种对另一个人自发而生的爱，不附带任何条件或期望。在某种意义上，你可能会认为无条件的爱是一种"天赐之物"，它是所有人灵魂中闪耀着的一丝神性的光辉。而恐惧不是上天赐予我们的遗产，它是所有生物在物质世界中赖以生存的一种生存机制。它是我们的世俗存在的一部分，可能是我们的助力，也可能是我们的绊脚石。恐惧可能扎根于你的潜意识深处，但并非你生命的源头，而爱是我们生命的源头。因为爱的根基更深厚，所以最终能战胜任何形式的恐惧，无论这种恐惧有多么树大根深。当你召唤爱来对抗恐惧时，你的成功就成了必然，只是时间问题。

爱的形式多种多样，这方面的说法层出不穷。希腊人认为爱有两种：eros 和 agape。eros 指的是被另一个人的外表所吸引时感受到的激情和爱情；agape 指的是你真心实意地关爱他人时感受到的一种大爱，这种爱和对方是否有吸引力无关。这两种爱都自有其精神层面，它们能让你超越自我，进入一个更广阔的世界。在希腊人看来，eros 虽然和身体上的吸引力有关，但并不意味着它的神圣性就逊于 agape。其他类型的爱包括孝道之爱、友情、亲情和母爱（这种爱与 agape 颇有一些共通之处）。怜悯之爱在东方哲学中占有重要的一席之地，尤其是在佛教之中，怜悯之爱也和 agape 密切相关。怜悯之爱指的是出于怜悯或感同身受毫无偏私地关爱另一个人，尤其是在这个人痛苦不堪的时候。这种类型的爱可以是有条件的，也可以是无条件的，具体取决于给予爱的时候是否附带任何个人意图或期望。真正的怜悯之爱与无条件的爱非常相似，产生怜悯之心时，你往往不会考虑到自己的需求。有条件的爱就没有这么崇高了。如果给予爱从根本上来说是为了获得某种回报，或试图控制和掌控他人，你的爱对人、对己很可能就不会产生疗愈的作用。对方也许也能觉察出你给予的显而易见的爱中掺杂着个人算计。

爱如何治愈恐惧

如果给予爱是出于你强加给自己的期望，认为自己"应该"去爱，而不是出于一种油然而生的欲望，那么你的行为就不大可能具备疗愈或赋权的作用。出于互惠互利或自私自利的目的给予的爱是对真爱的扭曲，它最终只会在你内心点燃怨恨的火苗。如果在施爱的过程中你的自我牺牲太大，最后很可能会心生怨恨。只有无条件的爱——怜悯、善意、谅解、慷慨和无私——才能治愈恐惧。打开心扉，在生活中培育无条件的爱才能强有力地战胜恐惧。

如何做到这一点？第一步是学会爱自己。如果你连自己都不爱，那如何爱他人？对他人真正的爱不是意志所能操控的，它不可能源于强加给自己的"应该"。它是一种爱自己之余自然而然溢出的关爱之情。只有你这里满了，才有余力给予他人。

爱自己

爱自己的定义是接受、尊重和相信自己。接受自己意味着你对自己的优点和缺点泰然处之，不会过度苛责自己，你认可自己的本来面貌。尊重自己意味着你知道作为一个独一无二的人，你有着自己的价值和尊重。你珍视自己，不允许任何人利用或欺辱你。相信自己意味着你认为自己配得上你渴望得到的东西，你相信自己有能力实现梦想和目标。

爱自己的对立面是自私或以自我为中心。自私源于内心的匮乏感或缺失感，它导致你为达目的不择手段。另一方面，爱自己往往与内在的自信和自爱有关，对自己的爱满了之后，才会自然而然地外溢，转而开始关爱他人。自私源于内心的匮乏，而自爱则源于内心的充实和安全感。

初降人世的你具有源源不断地给予爱和接纳爱的能力。进入童年之后，你开始错误地看待自己，往往就此失去了这种能力。如果父母对你百般苛责，你也许会认为"我不值得爱"。如果丧父或丧母或者父母离异，你也许会认为"我以后干脆谁都不爱，就一个人过——爱过再失去太痛苦了"。如果你遭遇过身体上的虐待，你可能会这样想："信任别人等于找死。"创伤和遭遇虐待的经历封闭了我们的心，导致我们竖起心墙，将他人挡在墙外，从不轻易将心示人。我们长大后也许很难爱任何人，爱自己更是难上加难。

庆幸的是，你可以学习或重新学习爱自己，因为自出生起你就具有这种能力。你可以通过一些具体的改变——例如，改变认知、思维、自我对话以及自我对待的方式——来学习爱自己。此外，你也可以主动接近自尊自爱并在这方面堪称典范的人（这类人包括你的爱人、朋友、心理医生或导师）来学习。本书在其他章节介绍了至少 8 种学习自爱的方法，它们包括：

- 照顾好自己的身体。

- 每天练习对自己释放一点小善意。

- 探索和表达你的独特才能和天赋。

- 认识到自己的个人需求，满足他人需求之余，也要用同样的时间来满足自己的需求。

- 提升魄力：争取自己想要的，拒绝自己不想要的（设置边界）

- 放弃完美主义——设置现实的标准。

- 在朋友圈中打造健康的支持系统；多亲近自尊自爱的人。

- 认识到自己是一个独一无二的人，你的魅力和价值是更高力量赐予你的礼物。

我在下面针对每种方法稍作展开介绍，并注明其在本书中的具体章节以便你进一步参阅。

"照顾好自己的身体"意味着抽一点时间呵护自己，让身体得到充分的休息和放松，经常健身，补充营养，你的身体会回馈给你更多活力、更多快乐和更多幸福感，所以努力不会白费。本书第 3 章和第 4 章介绍了呵护自己的多种方式，《焦虑症与恐惧症手册》

第 4 章和第 5 章也探讨了放松和健身这两个基本主题。

"每天练习对自己释放一点小善意"，虽然听似简单，却能强有力地与自己建立更亲密的关系。爱自己与爱别人极其相似——只要舍得投入时间和精力，自然能将感情经营得有声有色。请参见第 5 章的"自我滋养活动"列表。

"探索和表达你的独特才能和天赋"——我们每个人都有自己的独特使命，这是我们降临于世的任务，也是服务他人的立身之本。当你表达出自己的独特使命时，你会变得更有活力，发挥出更多创造力，亦会获得更多成就感。如果你觉得自己有必要在这方面多加努力，请参见第 6 章"寻找你的独特使命"。

"认识到自己的个人需求，满足他人需求之余，也要用同样的时间来满足自己的需求"，这当然是你定义"自爱"的一种方式。一旦你认为取悦他人比取悦自己更重要，你对自己的重视和尊重就可能有所欠缺。如果你为了取悦他人不惜牺牲自己，请参阅第 5 章中的小节"过于渴望被认可：害怕被拒绝"。

"提升魄力"意味着你不仅重视自己的需求，而且会主动要求他人帮你满足需求。魄力也意味着一种设置边界的能力，将不合理的要求或请求拒之门外，这是一种必要时敢于说"不"的能力。如果你意识不到自己生而为人的基本权利，也无法行使这些权利，那建立自尊无异于空中楼阁。第 5 章中的"过于渴望被认可：害怕被拒绝"这一节详细介绍了提升魄力的方法，《焦虑症与恐惧症手册》的"抛开羞怯：表达你的情感"这一章也有这方面的论述。

"放弃完美主义——设置现实的标准"是学习自爱的重要环节。只要你对自己的成就或行为百般苛责，你就很难喜欢自己。对自己的错误和瑕疵百般挑剔往往也会让你变得低自尊。化解完美主义的方法有好几种,其中包括增加生活的娱乐性和乐趣、培养幽默感、将目的和过程放在同等重要的位置、学会反驳"应该"和"必须"式的自我对话。请参见第5章中的"完美主义"这一节以及第8章"放手"以进一步了解这一主题。

"打造健康的支持系统"意味着除了直系亲属,你还有自己的朋友圈,有自己可以信任、值得交托的人。这些朋友可以提供客观的视角、反馈、支持和肯定意见,毕竟家人看待你不一定总能像朋友那样客观。无论遭遇人生危机还是重大转折,这些朋友总能在你身边不离不弃。有一个健康的支持系统至关重要,它可以帮助你更好地照顾自己。如果你目前没有这样的一个圈子,建议去教堂、社区的服务性组织或者针对焦虑症、共同依赖症、治愈童年阴影的互助支持小组或12步"匿名会"组织参加活动,打造自己的人脉圈。

"认识到你的价值是与生俱来的",这会极大地促进你学会自尊和自爱。归根结底,造就你的并非你自己——你降临于世之时便已具有自己独一无二的价值和使命。然而,无论你对自己的评价有多负面,都不会改变你生而为人的与生俱来的价值。甚至你的行为无论有多蒙昧愚蠢,也都无损于你的内在价值。相信更高力量已为你安排了人生使命,这可以帮助你不再视自己的局限性和错误为失败,而视其为一个更宏大的计划的一部分,从而实现灵魂的升华。请参见第9章"灵性",以进一步了解灵性如何改变你的自我评价。

请使用以下引导式冥想,帮助你确定人生中爱的力量和意义。

建议请人帮你朗诵以下文字，也可以自己录音，也许你可以将以下文字中的"你"改成"我"。

引导式冥想

你值得被爱。

你是一个温良的人，你值得被爱、被接受和被珍视。

当你逐渐意识到自己值得被爱时，你会越来越愿意接受他人的爱。

你发现自己越来越愿意敞开心扉，接受那些你最亲近的人施与的爱。

你放下旧日的心伤，卸下防备，开始发现内心爱的意识不断增强。你有很多的爱可以给予。

你不必为了得到爱而煞费苦心——它早已原原本本地存在于你的内心。

每一天，你都在学习如何多爱自己一点点。

学会爱自己之后，你便会产生更多爱他人的本能。

你不再剥夺自己自由表达爱的权利。你发现表达爱可以带来一种美妙至极的感觉。

你治愈了过去的心伤，学会了爱自己，你发现自己可以更自在地给予爱和接受爱。

你发现，生活中的亲朋好友无比渴望向你施与爱，你发现自己也可以更坦然地允许他们施与。

你可以更坦然地敞开心扉，接受生活中更多的爱。

此时此刻，你愿意而且已准备好迎接生活中更多的爱。

如果你已学会爱自己——学会了接纳、尊重和信任自己，那么打开心扉、拥抱各种各样的毫无条件的爱就会容易得多。本章剩下的内容将探讨三种类型的爱，如果不附加任何条件的话，它们会对你以及他人发挥极大的疗愈作用，它们分别是宽恕、同情和慷慨。介绍完每一种爱之后，我会在末尾提供相关练习，帮助你培养这种爱。做练习有助于充分吸收本章内容的精华。

宽恕

宽恕是两个人之间最强大的疗愈行为之一，它打开了重新表达爱的渠道，将过去的恩怨一笔勾销。在宽恕他人的过程中，你将自己从长期郁积的怨恨或伤害中释放出来——这些痛苦的情绪只会增加你的压力。在宽恕自己的过程中（宽恕自己过去或现在的错误），你一步步接受自己，学会尊重自己的价值。你在生活中腾出一块空间，卸下过去的重担，大步迈向光明的未来。

为什么我们往往很难真正做到宽恕？我想最大的障碍之一在于，我们总是在还没有做好心理准备之前就试图去宽恕某人或某事。当我们觉得自己"应该"宽恕的时候，往往很难真正做到宽恕。宽恕是不能强迫的——它是你找到机会承认自己的任何愤怒或痛苦情绪并将它们表达出来之后油然而生的一种体验。如果你的话伤害了我，在表达出自己的愤怒情绪之前，我是不可能原谅你的。宽恕最好采取不责不怨的方式——我只是让你知道你的言行惹到了我（也许还伤害了我），这个时候我绝不会贬低你。然后我才能对事不对人，做好原谅你的心理准备。

如果你需要原谅的人不在身边或已不在人世，你仍然可以设法化解内心积郁已久的愤怒或痛苦，你可以给对方写一封信，将你所有的感受原原本本地一吐为快。至于对方能否收到这封信并不重要——重要的是解开你的心结。只有将感受表达出来了，你才有可能做到真正的原谅。

另一种有助于宽恕的方法是移情。如果你能站在对方的立场之上理解他们的思维方式，原谅就会容易得多。要是你无法理解对方为什么伤害你，原谅几乎是不可能的。如果你不理解他们，他们的行为可能就会显得专横跋扈、冷酷无情甚至暴虐无道。在尝试理解对方伤害你的原因时，你可能并不认同他们的立场，但他们的行为至少有迹可循。也许他们的所作所为源于他们过去承受过太多苦难，如果是这样，你可能会对他们多一点悲悯之情。

施虐方也许出生于不幸福的家庭，甚至被父母虐待过，理解这一点并不足以让你宽恕他们的丑陋行径。然而，这样的洞察力却足以让你打开同情之门，最终帮助你宽恕对方。当然，"因为懂得，所以慈悲"有时并不一定成立。在这种情况下，你必须直接接受过去种种确已发生，这是第一步。然后，你可以为自己遭遇的伤害和损失而难过，继而再将过往放在过去（它也只能放在过去），以便轻装上阵，着眼于当下。

举例来说，如果你遭遇过父亲或母亲的身体虐待或者性侵害，长大后你可能仍然会耿耿于怀，乃至于难以原谅。这时你只需当着心理医生或知心密友的面承认过去的经历仍然让你不能释怀，并表达出这种愤怒，这可以帮助你接受过去种种已是既定事实。然后，你可以痛心于父亲或母亲的失职——连你渴望的疼爱都无法给予。也许你甚至还可以根据自己对父母童年的了解，对他们过去的困境有一些理解。无论你最后是否真正原谅他们，经历这样一个流程可使你与过去告别，继续认真把握当下的生活。

与过去和解是一个敞开心扉的强有力的手段，之后你便可以更好地体验生活中各种各样的爱。事实上，过去是不能改变的，因此我们只能放下。

当你真正原谅对方时，你可能便不再生他们的气，也不会再害怕他们。宽恕让你摆脱了因纠结而生的内在压力或焦虑，与此同时也让对方得以坦然地向你道歉、补偿。宽恕是一种神圣的行为——它超越了人类个性和行为的限制，释放出了我们所有人都具有的灵性精髓。

宽恕练习

- 设想一个伤害过你的人，这个人对你犯下了不可饶恕的罪恶。

- 这个人对你犯下的最不能原谅的罪恶是什么？如果对方的罪恶不止一桩，请从最难宽恕的罪恶开始练习。

- 给这个人写一封信，原原本本地讲述你所有的对他及他的行为所持的感受。多花点时间认真写，不必有任何克制——你可能得写好几张纸。写完之后没必要将信寄出，这样可能也不合适。

- 写完信之后，将信分享给一位值得信赖的密友或专业心理医生。此时无论有什么感受，都可以向这位密友或心理医生大声表达出来。给自己至少一个小时实施这个流程。

- 现在将思路拉回那个伤害你的人身上。你真的已准备好原谅对方了吗？或者还是没有准备好？如果你还没准备好原谅，现在可以设法接受过去种种已是既成事实，这样你才能放下过去，轻装前行。默念类似于"过去虽是既成事实，但毕竟已过去"或"事情已经过去了，我可以继续前行"这样的语句也许对你有帮助。如果在这个过程中你陷入了悲伤或心痛，请接受这是治疗的一部分。

- 如果你觉得自己已准备好原谅对方，请花一点时间放松一下，闭上双眼，想象对方（无论对方是否仍然在世）站在你面前。然后你和对方说话，好像他此时此刻真的就在你面前。你告诉他，你已原谅了他的罪行，此时不必讲究措辞，随心就好。如果你能真心实意地原谅对方，你会产生如释重负的感觉。（注意：如果需要原谅自己过去犯下的过错，则可以想象你面前站着的就是你自己，然后采用同样的方法。）

同情

同情意味着关心对方的处境。你对对方的痛苦感同身受，并希望他们能摆脱这些痛苦，这个时候你不对他们做任何评判。

培养同情心的方法非常简单，虽然做起来并不一定轻松惬意。同情始于承认每个人都有遭遇逆境的时候。虽然苦难不是生活的全部，但没有人能完全逃离困境和挑战的魔爪。我们当前的社会似乎在很大程度上需要尽可能地否认痛苦和苦难，我们有许多用于逃避痛苦的策略，物质消费、电视、暴饮暴食、镇痛药和酒精便是其中的几例。我们的社会将病人、残疾人和老人藏匿起来，让我们心安理得地忘记他们的存在，年轻、活力、美丽和阳刚是媒体宣传的完美典范。同情始于愿意看向表象之下的不堪，承认生命的脆弱性以及必死性。

真正的同情不仅需要承认生命的必死性和局限性，还需要敞开心扉接受这一事实。同情是一种能力，它需要积累一定的生活经验、成熟到一定程度才能掌握（有时只有经历了一段时间的痛苦之后才能真正掌握）。当你不再逃避内心的痛苦——放下那些麻痹你忘记痛苦的人、物质或活动，你会发现自己更容易敞开心扉。诚然，生活中有许多洋溢着快乐和美丽的时刻，置身于这样的时刻，你的心会自然而然地敞开，而且感受不到任何痛苦。不过从我的个人经验来看，要想尝试敞开心扉并与他人共情，往往需要你愿意见证自己的个人苦难。当你承认自己生存在困境之中并坦然接受这一事实时，你便能对他人的困境感同身受。同情他人是一种能力，也是馈赠给自己的一份大礼。在见证自己内心深处的痛苦之时，你允许痛苦浮出水面，自行流走。你将它释放掉，而不是紧紧抓住不放或深藏于灵魂之中。

除了承认痛苦、敞开心扉，同情还需要理解对方。你试图理解导致对方陷入困境的原因，尝试从对方的视角看待问题，而不是自以为是。这种特定类型的同情和移情极其相似，你需要运用对方的视角，需要设身处地为对方着想。一旦原原本本地理解了对方的困境，你就不会评判他们，反而还会真正关心他们。如果你完全理解了引发悲剧的原因，那么即便是最不可思议的行为也是可以解释通的（虽然不一定值得原谅）。随着同情心的逐渐增强，你渐渐学会了不再武断地评判他人，相反还会设法理解他人。

当你完全理解对方，直至能对其所处的困境感同身受时，他们很可能对你便不再构成威胁。一旦你同情对方，你对他们的恐惧便会随之减少，而且你视他们为会犯错误的人，和你一样都会有痛苦和压力。然而，同情并不意味着允许别人欺侮你，向你肆意发泄他们内心的压力。同情始终源于实力地位。它可能需要你设置边界，在必要的时候付诸武力重新引导对方，避免对方采取敌视对抗或有破坏性的行为。同情的时候，你其实是在俯视对方，你看到了他们的痛苦，并承认他们的身上蕴含着潜力。如果对方的行为具有破坏性或残酷暴力，此时向对方表达同情的最佳方式莫过于感化和改变他们。你呼吁他们承担责任，坚守至善的一面，发挥出全部的人性潜力——少一点都不行。俗语"以雷霆手段，显菩萨心肠"生动地传达了这种同情的神韵。对他人的痛苦感同身受并不包括允许他们行凶、撒泼、攻击、伤害你。同情自己永远都是同情他人的内核。

同情练习

闭上双眼深呼吸，直到身心放松，精神完全集中。现在，想一想你认识的一个正在遭遇生理痛苦或精神痛苦的人。不带任何评判地考虑他们的处境，让自己的心扉向他们敞开。就这样练习两三分钟。你也可以默念像"愿你摆脱痛苦和折磨"或"愿你重归平静"的句子，只要有用的话不妨一试。如果此时突然产生除同情之外的情绪，例如，恐惧、绝望、愤怒或悲伤，请聚精会神地呼吸，让这些情绪漫涌上来，再缓缓流走。如果它们开始干扰你，也许你可以将它们写下来。等这些情绪过去之后，再重新专注于你选定的这个人身上，让自己的心沉淀于一方净土。在这块净土之上，你只关心对方最终的幸福。等学会设身处地为对方着想又不至于被恐惧或悲伤迷失双眼之后，你会开始改变看待自己的痛苦的方式。培养同情心会使你的内心获得更多平静。

可选练习： 尝试练习同情某个你极其厌恶的人。琢磨这个人的时候，请尝试理解到底是什么样的环境或状况使他们走上了邪路。即便你无从了解这个人的背景，也要承认他们伤天害理的背后一定有某种原因和状况。多想想这样一个道理：恶行往往源于痛苦（往往还有恐惧），最终只会让施暴者在痛苦的泥沼中越陷越深。

如果你发现自己开始评判这个人或怒上心头，请专注于呼吸，在坚持练习的同时允许这些评判浮出水面，自行流走。如果你需要将这些负面情绪写下来，那么只管去做，不过写完后一定要继续练习，看看你能否改变自己看待他人的视角。不要给他们贴上"恶毒"或"邪恶"的标签，而要尝试认为他们的行为是未受教化或愚昧无知的。设想一下，如果这个人能够发挥至善的人性，如果他们能学着从爱的立场（而不是从恐惧或愤怒的立场）引导自己的行为，他们可能会怎么做？

慷慨

慷慨是一种为了让他人获益或给他人带来快乐而奉献自我的欲望。它是"无条件的爱"的最早的表达方式之一。众所周知，小孩会自然而然地表现出简单的慷慨行为。慷慨往往源于内心的满足、快乐或关爱。它是你早已拥有的内心富足自然溢出的结果，而不是义务感或责任感驱使的行为。

现代社会并不提倡慷慨，我们只在节假日或他人的生日时展示一下慷慨。消费主义的盛行使我们大多数人渴望、需要并寻求"取"，而不是思考"予"。真正的慷慨需要从根本上转变认知——从"我能得到什么"转变为"我该如何帮助或服务他人"。事实上，这种从"取"到"予"的转变会给奉献者带来快乐。无论这种"予"是源于自发的冲动，还是有意识的选择，施以慷慨往往能点亮你的灵魂，让你不再只盯着自己的一亩三分地，从而进入一个更广阔的世界。这就是慷慨（以及其他类型的无条件的爱）能将你从恐惧中解救出来的原因。恐惧是一种防御，它让你收缩或逃避，远离你认为可能会威胁到自己的东西。而慷慨却反其道而行之——当你给予他人东西的时候，你便超越了逃避和收缩的心墙。慷慨就此战胜了割裂，将你与他人重新连接，或将你接入一个超越了自身的更广阔的世界。

你可以通过练习来培养慷慨的气概。我们每个人天生就有慷慨待人的潜能，但有时这种潜能需要滋养，首先要做的是不要因为恐惧而压抑自己慷慨待人的天性。有时你可能会担心："别人会如何看待我的慷慨行为？他们是否会喜欢我准备给予的东西？"我们从小听到大的一句俗语"礼轻情义重"时至今日仍然适用，人们更在乎的往往是你的心意，而不是你给予的东西。当你给予某样东西时，你可能还会有点舍不得。此时请记住一定要扪心自问："我真的需要它吗？"如果答案是"不"，给予的受益者也许不仅是对方，还有你自己。培养慷慨的气度意味着不管头脑里冒出了什么样的阻止你的念头，都要遵从给予的天性。从这方面来看，培养慷慨的气度和培养勇气没有什么不同，它也一样需要你战胜阻力，义无反顾地前行。

慷慨的方式有很多种。最简单的方式莫过于关心另一个人——

真正倾听他人的心声。倾听对方的想法和感受，不打断，不提供建议，也不做任何评判，让对方知道你重视他的话乃至于重视他这个人。倾听是最简单的天赋之一，但要想做到位也需要专注和技能。

除了倾听，你可以通过各种各样的途径赞扬、支持、鼓励、肯定、鼓舞、逗趣和帮助他人，为他人提供服务。你也可以给予对方看得见、摸得着的支持，例如，给对方一个拥抱，触摸他们，给他们送实物礼品，揣测他们需要什么，给他们做饭等。给他人惊喜时，送礼似乎最有效——最好送他们意想不到的礼物。

意想不到的礼物有时也叫"随意的善举"。请看以下列表，你准备把哪一项送给他人：1）伴侣或爱人；2）孩子；3）父母；4）其他亲人；5）好友；6）同事；7）社区。这个星期你准备实施哪几项？这个月你又准备实施哪几项？

▶ 随意的善举

- 专心倾听他人——全神贯注，心无杂念。

- 给他人买一份特别的礼物。

- 给他人一个拥抱。

- 主动帮他人做家务。

- 对他人的消遣爱好表示很有兴趣。

- 给他人按摩后背。

- 给他人做手工小玩意儿。

- 给他人做饭。

- 陪他人在户外散心（散步、逛公园）。

- 在他人情绪低落的时候提供支持。

- 赞赏他人的成就。

- 在他人遭遇困境时鼓励对方。

- 将他人需要了解的知识传授给他们。

- 感谢他人帮了你一个你通常视为理所当然的小忙。

- 对陌生人或服务人员微笑示意，说一些好听的话。

- 在泊车咪表前，为已超过停车时间的陌生人刷卡付费。

- 向你喜欢的慈善机构或事业捐款。

- 加入志愿者组织或项目，投入你的时间。

- 将你不需要的东西捐献出去。

- 实施你自己认为的其他善举。

发挥自己慷慨待人的潜能时，有两点请务必牢记：第一，即便没有自然而然地产生给予的欲望，你也不必担心，先尝试为了给予而给予。有时在没有动力的情况下先付诸行动，动力反而会随之而来。甚至即便你不情愿，也请先做一些随意的小善举，给自己预热一下。第二，出于私利或义务慷慨待人与慷慨的本质是自相矛盾的，所以请小心区分真正的慷慨和共同依赖。如果你帮助他人，是因为渴望获得对方的认可，是因为急于安抚对方或打消对方的怒火，从根本上来说你的行为是利己的，而不是利他的。如果你给予是因为你觉得自己应该这样，并非真心实意，那么你只是在满足自己的内化标准，而不是真正乐善好施。货真价实的善举中永远都有一些欲望的成分（"我想这么做"），即便你只是通过练习来培养自己慷慨待人的能力时也亦如此。另外，这里面通常也有利他主义的成分——"我就是想为他们做点事"。

请记住，真诚予人永远都等于予己。当你将心思从自己身上转移到如何利人上面时，你便超越了自己的个人需求，以及因关注自己而生的种种忧虑。这正是慷慨善行能够战胜恐惧的奥义之所在。恐惧和焦虑源于与他人的割裂——而慷慨却能将你与他人重新连接。

事实上，所有类型的无条件的爱——宽恕、同情、慷慨、关爱、友善以及无条件的关怀——都能战胜恐惧，因为它们能够将你与一种浩瀚的生命意识重新连接，使你的爱得以从至亲身上，一直延伸至朋友、社区、国家乃至于整个星球，直至最后延伸至整个宇宙。恐惧只是你暂时相信的一种割裂错觉。至真至诚的爱意将你与万物之源重新连接，这万物之源是你永远的主宰，且永远游离于所有类型的恐惧之外。

现在应该怎么做

1. 回顾"爱自己"这一节，它介绍了好几种关爱自己、珍视自己的方法。你准备抽时间实施其中的哪一项或哪几项？

2. 在本章介绍的三种无条件的爱——宽恕、同情和慷慨——中选择一种，下决心用一个月的时间培养这种爱，从本章的相关练习开始着手。

3. 家是爱的发源地。一开始的时候，敞开心扉的最佳对象莫过于你的至亲——爱人或伴侣（也许也可以包括父母、孩子或知心密友）。以下是培养爱的方式，也许你可以考虑一下。

- 主动与他们开诚布公地分享你所有的最隐秘的感受和想法（包括你最不愿意示人的恐惧）。不要因为恐惧而紧闭心房。

- 抽时间真心实意地倾听他们的心声。认真听他们倾诉 15 分钟，不要打断，不要评判，也不要提建议。提取他们所倾诉话语的中心思想复述给他们听，让他们知道你真的在听。每个星期至少这样倾听一次。

- 对他们最重视的活动和目标表示兴趣，支持他们探索和表达自己独具创造力的天赋——他们的"人生使命"。

- 在他们意想不到的时候自发地拥抱他们，告诉他们，你很爱他们。

- 在他们开口之前，主动帮他们做项目或做家务。当然，这种帮忙只能建立在他们真正需要的基础之上。

- 主动提出陪他们去一个他们一直都想去的地方，陪他们做一些有趣、好玩的活动。

- 在他们情绪低落或一整天诸事不顺的时候抽时间陪他们，或者给他们特别的关爱。

- 称赞他们的成就。

至少想一件你每天可以实施、向这位心爱之人表达爱意的善举。不过请牢记我前面提到的两条指导原则：第一，表达爱意味着你想为对方付出，你这样做不是为了自己，也不是因为责任感；第二，不要超出自然的界限过度付出，自我牺牲太大、付出太多只会招致沮丧或怨恨。

最后，每天都请注意对方向你示爱的方式，不管这种爱意有多么微不足道。然后，让自己感恩生活中有这份爱意的存在。

参考文献和延伸阅读

利奥·巴斯卡格里亚《爱》（1972年），纽约福西特出版公司。

盖伊·汉德瑞克《学会爱自己》（1993年），纽约炉边图书公司。

肯·凯斯《无条件的爱》（1990年），俄勒冈州库斯湾爱情线图书公司。

杰拉尔德·扬波尔斯基《有爱无恐》（1979年），加州伯克利天艺出版公司。

莎朗·莎兹伯格《慈悲爱心：幸福安乐的革命性艺术》（1997年），波士顿香巴拉出版公司。

玛丽安娜·威廉姆森《爱和奇迹课程》（1992年），纽约哈珀柯林斯出版集团。

第 *12* 章

总结

战胜焦虑需要勇气——在其他人选择逃避某些东西的时候，你选择接受甚至拥抱它们的勇气。有勇气意味着什么？面对恐惧的时候如何获得勇气？"勇气"这个词源于法语中的 coeur，即"心脏"。我深信，获得勇气与我们平常所说的"动心"或"有心"密切相关。勇气的对立面——恐惧和怯懦——有时指的是心虚或心弱。相比之下，有勇气有时会被我们形容为"强心"甚至"狮心"。那么，内心强大到底意味着什么？

　　拥有一颗强大的心脏意味着行事完全听从内心的召唤，而非头脑的声音，而且也非身体的呼声。如果你害怕某样东西，大脑成天琢磨它，惶惶不可终日，那就很容易迷失在可怕的甚至是灾难性的思维和想象之中，以至于行动受限、被麻痹。同样，如果你害怕身体出状况，对发抖、颤抖、头晕、心悸或呼吸短促等生理症状过于担心犹如百爪挠心，那你就会陷入"瘫痪"动弹不得。一旦能够"动心"，你便超越了头脑或身体的限制，进入了一个更广阔的内心世界——在这个浩瀚无垠的空间中，你可以更自由地选择建设性的行动。显然，这里的"心"并不仅仅是一个身体器官，而是内我之中的一处空间，它虽然位于大脑和身体之下，但能将这两者统一融合。

"从心出发"意味着"源自内我的一处比意识心智更广阔的空间"，这里更靠近我们称之为的"整体存在"。心往往与激情、爱、深刻的感情、抱负、灵感以及勇气息息相关。所有这些存在的状态都远比意识广阔，处于这类状态时，你会感觉更完整、更统一。此外，这类状态也并非单纯的情绪。简而言之，心是内我之中的一处空间，它可以将你自己的各个部分和谐统一。

也许这处内我空间非常靠近我们所说的"灵魂"。事实上，"心灵"与"灵魂"这两个词往往搭配在一起使用，我相信它们密切相关。感觉某种东西扎根于"心灵深处"或"灵魂深处"其实差不多是一回事，它们指的都是一种超越了普通意识，从而领略到某种至高无上的存在状态（纯粹的爱、宁静、快乐、创造力以及勇气）的体验。我相信，这处扎根于内我深处的"心灵和灵魂"空间是你与灵性连接的内点。自降临人世起，这个内点就已存在，而且人生中的任何起落波折都无法消减或限制它。然而，它往往隐藏在五花八门的反应、思维、想象和评判之中，隐藏在你一个接一个的日常思维活动之下。焦虑和非理性的恐惧是你的意识心智相信有潜在威胁时，自然而然地产生的情绪反应。当你进入内我之中这处更广阔的空间之中时，你便超越了意识心智，跳出了引发恐惧思维的想象场域。摆脱了恐惧的限制之后，面对可怕的任何事物之时迎难而上而不是一味逃避的能力——勇气——便会自动产生。

"动心"的能力——摆脱后天养成的思维和反应，进入更广阔、更统一的内我空间的能力——取决于你和内我的连接程度，也有人称融合程度。事实上，"从心出发"和"连接内我"（或融合内我）虽然说法不同，但指的是同一件事。你与内我连接得越紧密，就越容易战胜各式各样的恐惧。你与心灵、灵魂隔得越远，就越孤立无援，自然也越容易受到恐惧的侵袭。

在本书即将结束之际，我想总结两条最基本的思想：

恐惧（尤其是非理性恐惧）源于割裂、疏远或脱离内我、他人、自然以及宇宙。

勇气、无条件的爱和平静是同一件事物的不同层面，它们都是与恐惧相对的一种存在状态，而且都源于同样一处空间——一处让你觉得自己与内我、他人、自然以及宇宙紧密连接、无缝融合的空间。

简而言之：

焦虑和非理性恐惧源于脱离真实，从根本上来说，它们本身都是不真实的。

重新连接真实、重新连接内我以及他人有助于化解焦虑和非理性恐惧。

我在这里所说的"真实"并不是成人社会中的"真实世界"，而是一种更深刻的东西，它超越了后天养成的思维、认知以及意识反应。它不是你用肉眼所能看见的；相反，它是心灵和灵魂重归质朴无瑕的状态后体验到的一种现实。进入那种现实后，你肯定会知道所感所知皆为真实。

本书各章介绍了各种各样的重归内我空间的方法，即各种重新连接自己以及他人的方法。所有的这些方法都旨在恢复断开的连接，战胜自我隔绝。这些方法你用得越多，找到直面并最终化解恐惧的勇气就越容易——也许也能找到宁静。

我在下面总结了本书的主要观点，并概述了每一种观点如何能帮助你重新连接自己以及身边这个更广阔的世界。

"简化生活"可以让你有时间重新连接内心深处的自己，将更多的精力放在当下。"减少生活中的繁芜"可以让你有更多机会与自己、与自己在乎的人共度高质量的幸福时光。

"放松"也有类似的效果。任何类型的压力都会引发内在的紧张，导致你无法与内我接触。放松身心并放慢节奏时，你会发现更容易触摸到内我。届时你会领略到自己的真实感受，激发出引导你呵护自己、做出明智决策的灵感和直觉也容易得多。经常做有氧运动有助于舒缓压力，消除肌肉紧张和疲劳，让你感觉更有活力、更完满，与内我的连接更紧密。瑜伽、太极等能量平衡疗法以及针灸、按摩等传统疗法可以直接疏通阻滞，让生命能量得以流动，恢复身心的完整性，促进身心融合。

"改善饮食"也有助于缓解压力，让你感觉更轻盈、更灵动、更有活力。避免容易导致消化不良、过敏、毒性反应以及便秘的食物和物质，可以让你更有朝气、更有生命力。当你神采飞扬、活力四射时，你不仅能连接内我，还能连接到自然乃至于整个宇宙的大韵律。届时，不仅你的身体能量会支持你，甚至影响所有生物的无数微妙能量也会支持你。

定期冥想练习"培养正念"可以帮助你直接连接内我。冥想可有效地引导你进入一个更深远的场域，摆脱构成一个又一个体验的情绪反应、评判和思维所施加的持续影响。冥想的时候，你和内心深处永远水波不兴的一小块空间重新开始连接，从而恢复宁静平和的心态、诚实正直的品质。你与内心深处这块净土的连接越紧密，就越容易摆脱焦虑，与此同时也能体验到化解心理冲突和犹疑、仅出于自己的最佳利益行事的更多自由。

"学会放手"可以帮助你不再为了控制而苦苦挣扎。你开始培养一种信任人生的自然韵律的能力。这样一来，你便学会了接受人生中不可避免的起起落落，并意识到所有问题时间一到便会自行解决。当你放手不再争夺控制权时，你内心的阻力和冲突便消解了很多，于是便腾出了与更高智慧、智力对话的空间。届时你如果向更高力量求助，也许会更容易听到它的指引。当你学会放手，将问题交托给自己意识心智之外的更高力量时，找到勇气往往也会更容易。

　　"打造你的愿景"指的是坚定不移地相信你对自己、对自己的人生所持的最高愿景。无论遭遇什么样的艰难险阻，都义无反顾地去追求、去实施。因此，你不会再被意识心智引发的恐惧以及种种局限性牵着鼻子走；相反，你开始跟随更广阔的宇宙智慧，听从更远大的人生使命的召唤。我个人深信，每个人的人生都有更高的使命或"计划"，当你针对自己应该成为一个什么样的人制定了最高目标（完整、健康、有活力、认真履行人生最深刻的使命）时，你便会朝着这个目标的方向努力。你可以持续夯实自己对这个最高的人生使命所持的信念，届时超越了意识心智以及意愿的更高力量自会为你提供帮助。任何一位认真祈祷或认真执行 12 步自助计划的人都可以证明这一点。

　　"学会去爱"是最简单、最直接地听从内心——继而听从你的整体存在——的方式。爱会抵消恐惧，因为爱是恐惧的对立面。真正的爱源于渴望战胜引发恐惧的割裂，源于一个比感知威胁、想象恐惧的"心智场域"更深刻的地方。爱总能让你与比自己更高、更广阔的某个人或某个事物重新连接。重新连接之后，你不仅会更有安全感，而且也更靠近自己的本真。

本书介绍的每一种途径最后都会走向同一个目的地——这是一个你能找到勇气、直面任何恐惧并最终实现自我融合和自我连接的场所。这些途径你接受得越多，就越能与内我、他人以及身边的世界无缝融合。在接受的过程中，你与自然乃至于整个宇宙的韵律和智慧保持一致。你发现自己融入了生命的"整体"，而不是与其割裂开来。事实上，你从未真正与这个"整体"割裂开来。恐惧和焦虑是我们每个人在脑海中制造的割裂幻象。在内心最深处，我们所有人都平安无恙——我们所有人都是这个整体的一部分，融入了这个整体场域之后，我们感受到的只有爱和平静。

由于以上这几条途径都讲得比较抽象，我想在收尾时讲一点比较实用的东西。战胜焦虑不仅需要哲学理念，更需要做日常功课，因此你必须付出努力，认真投入。以下列表列举了 10 条可以帮助你战胜焦虑和恐惧的日常练习。你可以把这份列表复印一份，贴在显眼的地方，也许这样会更有帮助。

战胜日常焦虑情绪的十大方法

1. 花半个小时深度放松（渐进式肌肉放松、引导式观想或冥想）。

2. 做 20~30 分钟的有氧运动（或散步 40~60 分钟）。

3. 默念自我肯定语，战胜负面消极或容易引发恐惧的思维（请参见附录 5）。

4. 尽可能避免咖啡因、所有类型的糖以及加工食品。

5. 放慢生活节奏，给自己更多时间，少做一些你（或他人）认为自己应该做的事。学习简化生活。

6. 腾出一些高质量的时间陪伴爱人、家人或朋友（记得给他们一个拥抱）。

7. 花半个小时阅读励志书或鼓舞人心的书（请参见附录 2）。

8. 抽几分钟时间祈祷。你的祈祷词可以是寻求支持、力量或指引，也可以只是祈求能够放下某种烦恼。

9. 抽几分钟时间夯实康复的信念，你可以借助自我肯定语、祈祷或观想。

10. 在生活中发现幽默，可以通过视频或报纸上的连载漫画寻找，也可以在自己身上寻找。学会放松心情。

附录 1

资　源

美国焦虑症协会

美国焦虑症协会是一个非营利慈善组织，由恐惧症、广场恐惧症以及恐慌症、焦虑症治疗领域的一众领军人物成立于 1980 年。该协会旨在提升公众对焦虑症的认识，促进有效治疗手段的研发，并为病患及其家人提供援助，使他们能够获取专家资源以及治疗项目资源。

该协会出版季刊以及《北美专业会员名录》（列出了美国和加拿大焦虑症专业治疗人员以及治疗项目）。此外，由该协会编著的几本介绍焦虑症的书籍和小册子也已出版。

如需美国焦虑症协会及其服务、出版物、年会的信息以及如何加入协会的详情，敬请联系：

The Anxiety Disorders Association of America（美国焦虑症协会）

11900 Parklawn Drive, Suite 100

Rockville, MD 20852-2624

(301) 231-9350

如需根据邮编查找专业治疗焦虑症的专业人员，敬请访问：www.adaa.org。

其他资源

Agoraphobic Foundation of Canada（加拿大广场恐惧症基金会）

P.O. Box 132

Chomedey, Laval, Quebec

H7W 4K2, Canada

Agoraphobics in Action, Inc.（广场恐惧症治疗公司）

P.O. Box 1662

Antioch, TN 37011– 1662

(615) 831– 2383

Agoraphobics in Motion–A.I.M.（广场恐惧症治疗诊所）

1719 Crooks Street

Royal Oaks, MI 48067

(248) 547–0400

Anxiety Disorders Network（焦虑症网络）

1848 Liverpool Rd., Ste 199

Pickering, Ontario

LIV 6M3, Canada

(905) 831–3877

CHAANGE（"新成长体验"焦虑症／广场恐惧症帮助中心）

128 Country Club Drive

Chula Vista, CA 91911

(619) 425–3992

ENcourage Newsletter（《鼓舞》新闻通讯）

13610 North Scottsdale Road, Suite 10–126

Scottsdale, AZ 85254

National Institute of Mental Health Information Service（全美精神
卫生信息服务学会）

请拨打 1-800-64-PANIC 获取免费信息，以了解恐慌症的性质
和治疗方法。

Obsessive-Compulsive Foundation, Inc.（强迫症基金会）

337 Notch Hill Road

North Branford, CT 06471

(203) 315-2190

Phobics Anonymous（恐惧症患者匿名会）

P.O. Box 1180

Palm Springs, CA 92263

(760) 322-COPE

Terrap（Terrap 焦虑症治疗项目）

932 Evelyn Street

Menlo Park, CA 94025

(800) 274-6242

如需最新版自助支持组织的详细列表，请访问 www.adaa.org（美
国焦虑症协会官网），点击"消费者资源"（self-help groups）菜
单下的"自助组织"（Consumer Resources）。

附录 2

焦虑症简述

在这个简短的附录中，我对最常见的七大焦虑症进行了基本描述。如需了解这些焦虑症的详细治疗信息，请参见《焦虑症与恐惧症手册》2000 年第三版的第 1 章。

恐慌症

恐慌症的特点是高强度、高烈度的恐慌情绪毫无预警地突然发作，没有任何明显的原因。这种强烈的恐慌情绪一般可能只持续几分钟，不过在某些情况下，可能会一波一波地奔涌回来，断断续续持续一个小时甚至更久。恐慌发作的时候，可能会出现以下任何一种或几种症状：

- 呼吸急促或上气不接下气

- 心悸、心怦怦直跳或心跳加快

- 头晕、头重脚轻或眩晕

- 颤抖或发抖

- 感觉窒息

- 出汗

- 恶心或肠胃不适

- 感觉不真实——仿佛"灵魂出窍"（人格解体）

- 手脚麻木或刺痛

- 忽冷忽热

- 胸部疼痛或不适

- 害怕崩溃或失控

- 怕死

恐慌全面发作时，至少会出现以上四种症状；如果只出现两三种症状，则只能被称为"症状发作有限"。

如果你：1）有过两次以上恐慌发作；2）至少一次恐慌发作后，有一个月甚至更久持续担心再次恐慌发作，或担心有一必定有二——那你的症状也许就可以确诊为恐慌发作。有一点你必须清楚，那就是恐慌症本身与任何可怕的情境无关。你恐慌并不是因为你想到了某个可怕的情境，也不是因为你正在接近或已置身于可怕的情境。相反，它只是莫名其妙地自发发作，没有任何明显的原因。

只有排除了潜在的医学因素（包括低血糖症、甲亢、摄取咖啡因过量以及戒断酒精、镇静剂或镇定剂的反应）之后，才能确诊恐慌症。恐慌症的病因包括遗传基因、大脑中的化学物质失衡和个人压力等因素。突然遭遇损失或重大生活变故可能诱发恐慌，服用毒品（尤其是可卡因或冰毒）也有可能诱发恐慌。

人们大多在青春期晚期或20来岁时患上恐慌症。在许多情况下，恐慌症还会伴随广场恐惧症。有1%～2%的人患有"纯粹"的恐慌症，而5%的人（每20个人里面就有一个）会在恐慌发作时伴随广场恐惧症。

广场恐惧症

在所有类型的焦虑症中，广场恐惧症（通常也被称为"恐旷型恐慌症"）是最常见的。大约有 5% 的人患有不同程度的广场恐惧症。在美国，受影响人数超过这个比例的长期心理障碍只有一个，那就是酗酒。

"广场恐惧症"这个词意味着害怕空旷的空间，然而，这种病的本质是害怕恐慌发作。如果你有广场恐惧症，你会害怕置身于恐慌发作后可能难以逃离，或可能得不到帮助的场所。举例来说，你可能不敢去超市或上高速，这并不是因为这些场所具有封闭或空旷的特点，而是因为一旦在这种地方恐慌发作，你就可能很难逃离或可能觉得颜面尽失。害怕丢面子也是一个关键病根。绝大多数广场恐惧症患者不仅害怕恐慌发作，也害怕别人看到自己恐慌发作时会鄙夷不屑。

广场恐惧症患者往往会避开许多场合。一些比较常见的广场恐惧症患者会避开的场合包括：

- 拥挤的公共场所，如超市、商场、餐厅
- 封闭或受到限制的场所 / 地方，如隧道、桥梁或理发椅
- 公共交通工具，如火车、公共汽车、地铁、飞机
- 独自在家

广场恐惧症最常见的特征也许是害怕离开家或离开"安全的人"（通常为爱人、伴侣、父母或你觉得自己无比依恋的人）。你可能完全不敢独自开车，也可能不敢一个人开车到离家超过一定距离的地方。病情严重的话，你甚至不敢一个人到离家两三公里之外的地方，或者干脆连家门都不敢出。

广场恐惧症的患者包括各行各业以及各个社会经济阶层的人士。大概 80% 的广场恐惧症患者为女性，不过近年来这个比例开始呈下降趋势。这可能是因为越来越多的女性不得不从事全职工作，做家庭主妇的生活方式越来越不为社会所接受，所以患有广场恐惧症的男女比例也许会最终趋于平衡。

社交恐惧症

社交恐惧症是最常见的焦虑症之一，它指的是你置身于面对他人的审视或上台表演时害怕自己会难堪或丢脸。这种恐惧比绝大多数没有恐惧症的正常人在社交场合或表演场合产生的怯场感要强烈得多。一般来说，由于这种恐惧太过强烈，所以你干脆对这种场合一律拒绝，不过有的社交恐惧症患者迫于无奈，还是得承受巨大的焦虑感，硬着头皮出席社交场合。通常情况下，你担心自己可能会说错话或做错事，让他人看出你的焦虑、怯懦、神经质或愚蠢。你的担心往往与现状不成比例，而且你也知道自己反应过度（不过患有社交恐惧症的儿童意识不到自己担心过度）。

最常见的社交恐惧症是公开演讲恐惧症。事实上，这是所有恐惧症中最常见的一种，患者包括表演者、演讲者、因工作必须演讲的商务人士以及必须在课堂上发言的学生。公开演讲恐惧症影响了许多人，患者的男女比例大致相当。

其他比较常见的社交恐惧症包括：

● 害怕在公共场合脸红

● 害怕在公共场合被食物噎住或打翻食物

● 害怕在公共场合被人盯着

- 害怕使用公共厕所
- 害怕当着别人的面书写或签署文件
- 害怕人群
- 害怕考试

有时，社交恐惧症所恐惧的对象并不怎么具体，患者恐惧的东西可能比较广泛，例如，觉得自己可能被人打量或评判的任何社交场合或团体情境。如果你恐惧的对象是广泛多样的社交场合——例如，主动搭讪和寒暄（尤其是在小型团队之中）、与权威人士攀谈、约会、参加派对等，你的恐惧症可以被称为广泛性社交恐惧症。

虽然社交焦虑症比较常见，但只有你的回避行为影响到了工作、社交活动或重要的人际关系，给你带来了巨大压力时，你才能被正式诊断为社交恐惧症。前面我已介绍过，恐慌发作可能伴随广场恐惧症，同理可得它有时也会伴随社交恐惧症。不过在这种情况下，你恐慌的根源更多的是害怕难堪或丢脸，而不是害怕无处可逃或行动受限。而且，这种恐慌也只和特定类型的社交场合有关。

社交恐惧症的发病期往往比广场恐惧症早，10岁左右的孩子就有可能出现症状。这种恐惧症常见于在学校遭遇同辈压力、性格羞怯的孩子。通常而言，社交恐惧症不治疗的话，会在青春期和青年期一直持续，不过之后病情往往会自动减轻。最近的研究报告显示，3%～13%的美国人在人生的某个时期都会受到社交恐惧症的困扰，具体患病率取决于评估痛苦程度的阈值。

特定恐惧症

特定恐惧症往往指的是对某个特定的物体或情境持有强烈的恐惧情绪，从而引发回避行为。在大多数情况下，患者会竭力避免引发恐惧的情境，不过在某些情况下还是不得不拼命忍受。直面相应的物体或情境几乎总会引发焦虑。

对于特定恐惧症患者而言，恐惧的对象首先是引发恐惧的情境本身，其次才是恐慌发作（如果有恐慌发作的话）。这和广场恐惧症不一样，对于广场恐惧症患者而言，恐惧的对象首先是恐慌发作。这种恐惧症也不像社交恐惧症，因为患者并不害怕在社交场合难堪、丢脸。特定恐惧症可能也会伴随恐慌发作，但只有在直面引发恐惧的物体或情境时才会触发。

虽然恐惧情绪极其常见，但只有你的恐惧心理和回避行为影响到了正常生活、工作、人际关系，给你带来了巨大压力时，才能被诊断为特定恐惧症。

特定恐惧症共分为 5 种类型：

- **动物型**——害怕蛇、老鼠、狗等动物或蜜蜂、蜘蛛等昆虫。动物恐惧症往往源于童年。

- **自然环境型**——这类恐惧症涉及与自然环境相关的恐惧，如恐高、怕火或怕水，或者害怕雷暴、龙卷风或地震等自然灾害。

- **晕血晕针晕伤型**——在这种类型中，患者看到血或看到有人受伤便会触发恐惧情绪，它也包括害怕打针或害怕其他的侵入性治疗方式。这几种恐惧之所以被归为一类，是因为患者除了恐慌或焦虑之外，还有可能眩晕。任何年龄阶段的人都有可能患上晕血晕针晕伤型恐惧症。

- **情境型**——情境型恐惧症与各种各样的情境相关，在这些情境中，患者主要害怕被围住、被封闭、行动受限或无法逃离。这样的情境包括坐飞机、坐电梯、驾车、乘坐公共交通工具、过隧道、过桥以及置身于商场等其他封闭场所。情境型恐惧症常见于童年时期或青年时期（20来岁）。

- **其他型**——这是前四种特定恐惧症之外的类型，它包括害怕患病（如艾滋病或癌症）、害怕可能导致窒息或呕吐的情境（如吃固态食物）以及害怕露天空间。

特定恐惧症比较常见，10个人里面差不多就有一个患有这种恐惧症。不过，这种病并不一定总会严重影响生活，所以只有极少数患者才会寻求治疗。这类患者男女比例相当。动物恐惧症患者中女性居多，而恐病症患者中男性居多。

如前所述，特定恐惧症一般是源于童年，但没有随着年龄增长而自动消失的恐惧心理。此外，它也有可能是经历过事故、自然灾害、生病或看牙医等创伤事件后触发的恐惧心理。换而言之，它是后天形成的心理反应。这种病的最后一种成因是童年模仿。孩子反复看到父母的特定恐惧症症状，经过长期模仿，也有可能患上这种病。

广泛性焦虑症

广泛性焦虑症的特点是至少持续半年的慢性焦虑，但不会伴随恐慌发作、恐惧症或强迫症。你只是没完没了地焦虑、担心，但不会伴有其他类型的焦虑症。你得在半年内绝大多数的日子里为两个或两个以上的心结（如财务、人际关系、健康或学业）担心、焦虑，才能被正式确诊为广泛性焦虑症。如果你有广泛性焦虑症，则很可能有一大堆的烦心事，而且会用大量的时间忧心伤神。然而，你却很难控制自己的担心。更糟糕的是，你担心的强度和频率往往与自己害怕的事件真正发生的概率不成比例。

除了没完没了的担心，广泛性焦虑症还至少表现出以下六大症状中的三种（在半年内绝大多数的日子里至少会表现一个症状）：

- 焦躁不安，心神不宁
- 容易疲劳
- 注意力难以集中
- 暴躁易怒
- 肌肉紧张
- 失眠

最后，只有担忧及相关症状导致你极度痛苦或已干扰到了你的工作、社交和其他重要领域，你才有可能被确诊为广泛性焦虑症。

如果医生已确诊你患有广泛性焦虑症，他或她很可能已排除了慢性焦虑的潜在医学病因，如过度换气综合征、甲状腺问题或药物引发的焦虑症。广泛性焦虑症往往伴随着抑郁症作为并发症；医术精湛的心理医生通常可以确定哪一种病是原发性的，哪一种又是继发性的。不过在某些情况下，确定哪一种为原发性疾病并不容易。

广泛性焦虑症患者常见于任何年龄阶段人群。对于儿童和青少年患者而言，担忧的重点往往是学习成绩或体育比赛的成绩。对于成人患者而言，担忧的重点不一而足。广泛性焦虑症大约影响了4%的美国人口，其中女性比例略高于男性（55%～60%的确诊患者为女性）。

强迫症

有的人天生有洁癖，他们比普通人更干净、更整洁。事实上，在许多情况下，例如，在工作中或者在家里，这些特质都是非常好的优点，不过成为强迫症的话就过犹不及了，反而会得不偿失。有强迫症的人可能会花好几个小时没完没了地清洁、搞卫生、检查或归整物品，以至于他们的行为影响到了生活中的其他事务。

强迫情结指的是反复出现的想法、思维、画面或冲动，它们似乎意义不大但又不断闯入你的脑海，具体示例包括暴力画面、对他人施暴的念头或者害怕灯没关、炉子上的火没关、门没锁，等等。你明明知道这些想法或恐惧毫无道理可言，也尝试过压制它们，但它们还是不断闯入你的思绪，有时骚扰你好几个小时、好几天、好几周，甚至更久。这些思维或画面不仅导致你对现实生活问题过度担忧，而且它们往往还和现实生活问题毫无关系。

强迫行为指的是为缓解强迫情结引发的焦虑而实施的行为或仪式。举例来说，你可能因为怕脏而没完没了地洗手，或者反复检查炉火是否已关闭、开车时不断查看后视镜唯恐自己撞到人。你明明知道这些行为不可理喻，然而为了缓解特定的强迫情结引发的焦虑，你还是不得不这么做。一方面，你渴望摆脱强迫行为；另一方面，实施强迫行为的欲望又是如此不可抑止，这两者之间的冲突形成了焦虑、羞耻甚至是绝望的来源。最后，你可能不再和强迫情结苦苦作战，而完全屈服于它的淫威。

有的人可能只有强迫情结，不一定伴随强迫行为。事实上，25%的强迫症患者只有强迫情结。

最常见的强迫行为包括清洗、检查物品或数数字。如果你痴迷于清洗，你时时刻刻都会提心吊胆，唯恐身体被弄脏。你不敢碰门把手，不敢与他人握手，不敢触碰你认为可能有细菌、污秽或有毒的任何物品。因为怕脏，你可以花好几个小时洗手或洗澡。有这种强迫行为的女性往往多于男性。不过，不断检查物品的男性多于女性。这类患者因为害怕歹徒入室抢劫所以反复检查门锁，害怕失火所以反复检查炉子，害怕撞到人所以开车时反复看后视镜。如果你痴迷于数数字，你可能觉得自己必须数到某个特定的数字，或者必须重复某个词，直到重复到某个特定的次数，否则会有大难降临到自己或他人的头上。

强迫症往往会伴随着抑郁症。事实上，强迫情结还会随着抑郁情绪起伏不定。此外，强迫症也可能伴随基于恐惧的回避行为——例如，怕脏的人可能会避免去公共厕所或触摸门把手。

有一点你必须知道，强迫症虽然似乎有几分疯狂，但并不等于神经病。你一直都很清楚自己的想法和行为毫无道理可言，只是无法控制自己，你自己也为此而深感沮丧甚至抑郁。

强迫症曾经被视为一种比较少见的行为障碍。不过最近的研究表明，2%～3% 的人可能患有不同程度的强迫症。到目前为止，患病率被低估的原因在于绝大多数患者不愿意告诉他人自己的问题。这种病的患者比例男女大致相当。虽然许多强迫症病例始于青春期和青年期，但大约有一半的病例却始于童年。一般而言，男性患者的发病年龄要早于女性。

强迫症的病因目前尚不得而知。某些证据表明，大脑中一种称为"5-羟色胺"的神经递质失衡或 5-羟色胺代谢紊乱都可能引发强迫症。事实表明，许多患者服用可提升大脑 5-羟色胺水平的药物后，病情会有所改善。这类药物包括氯丙咪嗪（氯米帕明）或用于提升 5- 羟色胺水平的抗抑郁药物，例如，氟西汀（百忧解）、舍曲林（左洛复）和帕罗西汀（赛乐特）。强迫症的病因还需要进行进一步的研究。

创伤后应激障碍

创伤后应激障碍的基本特征是创伤事件导致的失能型心理症状。这种心理障碍首次在"一战"期间被确定，因为有些士兵战争结束后出现了慢性焦虑、噩梦和痛苦记忆反复闪回等症状，持续时间长达几周、几个月甚至几年。这种情况也被称为"弹震症"。

任何人经历了严重创伤乃至于超越了正常范围的人类体验之后都有可能患上创伤后应激障碍。这里指的"创伤"是那种可使任何人产生强烈恐惧、惊恐以及无助的事件，其中包括地震、龙卷风等自然灾害以及车祸、飞机失事、强奸、侵害或其他暴力犯罪，受害者可以是自己，也可以是直系亲属。如果这种创伤事件具有人身攻击的性质（如强奸或暴力犯罪），症状似乎会更强烈、更持久。

创伤后应激障碍引发的症状多种多样，以下九大症状尤其常见：

- 反复出现与创伤事件相关的痛苦想法。

- 做与创伤事件相关的噩梦。

- 痛苦记忆反复闪回，极其强烈真切，以至于你在心理上或行为上仿佛又重新经历了一遍创伤事件。

- 试图避免与创伤事件相关的想法或感受。

- 试图避免与创伤事件相关的活动或外部情境——例如，车祸之后不敢开车。

- 情感麻木——感受不到自己的情感。

- 与他人有疏离感或隔阂感。

- 对曾经喜爱的活动失去兴趣。

- 持续出现焦虑加重的症状，例如，难以入睡或失眠、难以集中注意力、容易受到惊吓、暴躁易怒。

这些症状必须至少持续一个月才能被确诊为创伤后应激障碍（不足一个月可能是"急性应激障碍"）。此外，这类情绪上的干扰也必须导致你极度痛苦，影响到了你的社交、工作或其他重要领域。

如果你有创伤后应激障碍，那么你往往会焦虑和抑郁。有时你也会察觉到自己行事冲动，例如，突然搬家或几乎不做任何计划就出门旅行。如果你经历过至亲过世的创伤事件，你可能会为自己幸存下来而内疚。

任何年龄阶段的人都有可能患上创伤后应激障碍。有这种障碍的儿童往往会无意识地重温创伤事件，而且会在游戏或噩梦中不断重演这些事件。

附录 3

励志书籍

以下书籍颇具鼓舞人心的力量，令我本人以及我的许多客户都受益匪浅。

梅洛迪·贝蒂《每一天，都是放手的练习》（1990年），旧金山哈珀－哈泽尔登出版公司。

琼·博雷森科《火中灵魂》（1993年），纽约华纳图书出版公司。

艾琳·卡迪《蜕变的黎明》（1979年），苏格兰福里斯芬活出版公司。（来自更高力量的振奋人心的讯息）

露易丝·海《生命的重建》（1984年），加州圣莫妮卡贺氏书屋。（提供培养自尊的实用工具和自我肯定语）

杰拉尔德·扬波尔斯基《有爱无恐》（1979年），加州伯克利天艺出版公司。

卡罗琳·米勒《创造奇迹》（1995年），加州蒂伯龙 H.J. 克拉默出版公司。（如书名所示，这本极富洞察力的书籍提供了如何在平淡无奇的生活中创造奇迹的诸多实用创意）

斯蒂芬·米切尔《启迪心灵：神圣诗歌选集》（1989年），纽约哈珀经典出版公司。

雷蒙德·穆迪《死亡回忆》（1976年），纽约矮脚鸡图书公司。

（介绍濒死体验的经典书籍）

马尔蒂亚·尼尔森《回家》（1993年），加州诺瓦托市纳塔拉吉出版公司。（针对人类境况提供深刻见解）

罗宾·诺伍德《为什么是我？为什么会这样？为什么是现在？》（1994年），纽约颂歌南方图书公司。（有力论证为什么人生挫折是帮助我们实现成长的课程）

詹姆士·雷德非《圣境预言书》（1993年），纽约华纳图书出版公司。

约翰·罗宾逊《灵性启蒙》（2000年），密苏里州团结村团结书屋。

帕特·罗德加斯特《伊曼纽之书》（1985年），纽约矮脚鸡图书公司。（来自更高力量的讯息，极其鼓舞人心，这本书是我的最爱）

帕特·罗德加斯特《伊曼纽之书2》（1989年），纽约矮脚鸡图书公司。

萨娜亚·罗曼《灵性成长》（1989年），加州蒂伯龙H.J.克拉默出版公司。

尼尔·沃什《与神对话（第一卷）》（1996年），纽约普特南出版公司。（介绍了作者与更高力量的"对话"，非常鼓舞人心）

布莱恩·魏斯《爱是唯一的真相》（1996年），纽约华纳图书出版公司。

玛丽安娜·威廉姆森《光明》（1994年），纽约兰登书屋。（一本与时俱进、内容出色的默想和祈祷手册）

盖瑞·祖卡夫《灵魂的座椅》（1990年），纽约炉边图书公司。

打造你的现实：信念变现的原理

万物皆由能量构成

宇宙所有现象皆为能量，只是形式不同而已。现代物理学认为，世间万物由波形粒子所构成。根据爱因斯坦的著名公式 $E=mc^2$，这些"波粒"可以从物质转化为能量，也可以从能量转化为物质。因此，心理现象（你的思维、欲望、感受等）也是各种各样的能量。有的人可能会反对说，这些现象只不过是脑电活动模式而已。不过这里有一个问题：如果它们只是脑电活动模式，那我们该如何解释思维的内容（如我们看书时的想法或者喜恶的感受）？也许脑电活动模式必须"传递"思维的内容——就像无线电波必须传递或运送你在收音机里听到的音乐内容一样。然而，我们不能把思维的意义（或音乐的旋律）仅视为一种物理意义上的大脑现象。你如何通过神经生理学或神经化学得出意义？我们无法将灵感或情感完全还原为大脑神经网络中的放电模式。不过，如果假设万物皆为某种形式的能量，那即便是灵感和情绪也必须为能量现象，只是它们极其微妙而已。

有的人说，思维和感受从根本上而言是比光速更快的能量现象（尽管爱因斯坦认为没有任何东西能比光速更快，但他的相对论仅适用于时间和空间中的物质现象）。这也许可以解释为什么在这个除了光本身我们看到的一切都比光速慢的物质世界中，我们无法真切、客观地看到思维和感受。如果有能量比光速更快，它肯定是非物质的，因此，它们在空间中无影无形，却能被我们直接感受到。你看不到它们，但毫不夸张地说，你却能成为它们。在实体大脑中，你不管往哪个角落里找，都不可能找到焦虑的感受，但可以实实在在地感受到焦虑。这就出现了一个有趣的蕴意，你可能有一个部分——那个体验到了思维和感受的内在内容或意义的一部分——独立存在于空间和线性时间之外。

你不一定非要相信以上所有内容才能想象思维（包括信念、看法等一贯持有的思维）可能存在于实体大脑之外。不过如果接受这一假设的话，理解后面的内容会更容易。

意识在本质上是"非定域的"

前面一小节已介绍过，意识的质量方面（意义）在空间中是一种不可见的物质现象。它们在空间中无迹可寻，所以我们没法问："你读的内容的确有意义，可这个意义留存在空间的什么地方？"虽然大脑的神经活动模式能让你一下子就能体会到那个意义，但这个问题是没有答案的。"非定域"这个术语用在物理学中指的是某种无法在空间中被准确定位的现象。意识的质量方面从本质上来说是非定域的。另一方面，你的实体大脑是一部极其精密的仪器，可用于准确定位意识的质量方面。你的特定思维、认知和感受在某个特定的时间和地点都可以立即聚焦或"定位"至意识的质量方面。举例来说，有了这个功能，你读到这一段文字时才能产生感受，至于这个感受是什么并不重要。总而言之，你的大脑会在特定的时间将非定域现实过滤到特定的思维之中。这样来看，思维颇像物理学家研究的亚原子粒子——它既有"波形"的一面，也有"粒子"的一面。波形的一面无法在你的大脑中精确定位，而大脑在特定的时间产生特定的思维过程时，粒子的一面却能显现出来。在我看来，意识非定域的质量方面相当于"软件"，专门负责将大脑的神经化学归整为有意义的序列。

意识的非定域方面会在心理感应的体验中"偶露峥嵘"。举例来说，你我虽然远隔千山万水，却能在同时产生同样的想法。另外一个典型示例是遥视，这是一种能够看到千里之外的事物的超能力。

有一个物理实验可以证明非定域现象的存在。这个实验表明，与一个电子相关的信息可以在一瞬间传输至千里之外的另一个电子。如果信息真的以光速传输，那整个传输过程大概只需要四百亿分之一秒。然而神奇的是，第二个电子几乎在同一时间和第一个电子做出一模一样的反应。无论是什么使得第二个电子和第一个电子能够瞬时同步，总之，这个因素和空间无关。事实上，正是通过这个实验证明的现象，物理学家才造出了"非定域"这个术语。

这个实验结果以及其他实验的结果使物理学家戴维·玻姆提出了宇宙"隐序"的概念，他认为，这个隐序并不存在于物理宇宙之中，而存在于一个没有时间、没有空间的矩阵之中，物理宇宙则正是源于这个矩阵。如果隐序真的存在，那我们就不难看出它和传统宗教理念中的天堂或涅槃息息相通——它们都是空间和线性时间之外独立存在的境域。

微观反映宏观

第 10 章提出了一个观点，你的思维、信念和心态不仅塑造了你

312

的外部环境，也塑造了你的内心世界。根据"微观反映宏观"的理念，从整个宇宙的层面来看，精神和物质之间的关系也是如此，我们可以通过精神一窥物质。人类（以及动物）并非宇宙中唯一一种灵魂、精神和身体能够相互作用的生物。事实上，地球并非整个宇宙中唯一存在精神和意识的星球，如果这样想就太狭隘了。我在这里提出的理念是，我们自己的构造反映了整个宇宙的组织方式。我们不妨假设整个宇宙也有类似于"灵魂"和"意识"的东西，以及我们看得到、摸得着的类似于人的"身体"的东西（如小到原子、大到银河的一切事物）。这种想法也许有点奇怪，但其实相当合理。如果我们认为"宇宙心智"与我们的极其有限、以自我为中心的心智是一回事，那才叫奇怪。如果整个宏观自有其意识，这种意识很可能超越了我们的理解范围。精神——或智力——并非高级动物所独有，正如哲学家斯宾诺莎所说，从各个层面来看，它是万事万物与生俱来的一个特质。我并不是说宇宙是按照人的模子铸出来的，我的意思是人是缩小版的宇宙，即"微观反映宏观"。古语"上行下效"就高度概括了这个理念。

形态服从思维

本节提出的第一个理念是，宇宙万物（从原子和分子一直到思维和感受）皆由各种各样的能量构成。远东的哲学传统认为，所有五花八门的现象之间只有一个区别，那就是构成它们的能量有多细或有多粗。物质对象（事实上就是构成物质的原子）为粗能量，感受和思维为细能量，而灵性意识和灵感可能是所有能量中最细微的。

远东的哲学传统还做出了一个重要的假设，即细能量塑造、影响粗能量的程度远大于粗能量塑造、影响细能量的程度[①]。举例来说，微风吹皱一池春水远比水影响风更容易。同理可得，你的思维、心态和想法也往往会塑造和影响你整个人存在的情感和生理层面。"我要开车去超市"的这个想法往往诞生于采取实际行动之前；同样，在真正出去找工作之前，你肯定也会有"我必须得找一份工作"的想法。即便你没有采取实际行动把想法变为现实，这一原则也同样适用。换言之，即便你只是在头脑中坚持一个想法，这个想法往往会在物质层面吸引和创造相应的实体环境。俗语"意念决定物质"生动体现了这一理念，另外一句众所周知的幽默话"许愿要小心，因为有可能如愿"也同样如此。它在意念现象中体现得最为生动，这里的"意念"指的是一种不用接触物体就能移动或改变物体的能力。不过，就算没有意念这种超能力，只要你全神贯注，始终坚持自己的心愿或意愿，现实也一样会改变，只是更微妙、更不易察觉。

思维 / 信念会吸引相应的实体物

　　根据前面提出的四点，我可以推测一下思维塑造现实的方式。究竟是如何塑造的呢？我在前面已经说过，宇宙万物（包括思维、信念和心态）皆为能量，只是形式不同而已。如我们所知，能量并不是静态的，而是以波动的方式涌动、流动（可见光谱便是一个典

---

① 思维塑造实体情境的理念从柏拉图开始便一直在西方哲学中发挥关键作用。在哲学中，这一理念被称为"唯心主义"，与"唯物主义"相对。它与因果关系、自然法则并不矛盾。自然法则可以解释现象如何从一种状态转化为另一种状态，但无法解释正好出现的特定形式和模式，尤其是对生物而言，所以我们需要比自然法则更多的理论。宇宙远不只是一部机器，也许用"高智商有机体"来比喻更贴切，这样可以更好地描述宇宙的运转方式。

型示例）。就像不同的颜色代表光的不同频率或波长一样，我们可以假设不同的思维与不同的"能量形式"相对应，它们可能具有各种各样的频率、波长或其他有待发现的一些特性。每一条思维都自带特定的能量"签名"或特征。根据我们之前的假设，与思维相对应的能量形式是不可见的，它的传送速度可能比光速还要快。另一方面，构成实体物质的能量可以表现为粒子的形式，这样我们就能在空间中看到它们。各种各样的能量之间有一个差异，那就是它们的振动速度。像思维和感受这类极其细微的能量其振动速度极快，而比较粗略的能量或实体物质（它们实际上由亚原子粒子所构成）振动速度会慢一些。

如果思维从本质上来说是非定域的，那么只要你琢磨某个特定的思维，这条具有某种特定能量形式的思维似乎就有可能与其他能量形式相同的思维汇聚在一起。"汇聚"这个词如果用得更专业一点，应该是"共鸣"——这有点像两个处于相同音高（频率）的音符产生共鸣。因此，如果你一直都想着恢复健康和完满，你恢复健康的思维就会与其他散落于各处与健康相关的所有思维汇聚在一起。你的思维无须"四处奔波"就能找到其他类似的思维。你的思维在本质上所处的层面——以及所有其他类似思维在本质上所处的层面——是非定域或非空域的。在这个层面上，所有空间之间绝无隔断，你的意识大可以进入所有其他与健康相关的类似思维所在的"场域"。换而言之，你调到了某个特定的频率或能量配置，就像将收音机调到某个特定的电台一样。

如果你正好"停留"在这样的一个"场域"，专注于有关健康的想法和期望，而且时间足够长，那么健康的现状必定会在你的生活中一点一点显现。这是因为你意识中有关健康的想法能和更辽阔、更浩瀚的"宇宙意识"中所有其他与健康相关的想法产生共鸣[①]。

产生共鸣之后，你就会融入健康在各个层面（从非定域现实一直到实体现实）变现或显现的流程。如前所述，从宏观宇宙一直到亚原子的所有现实层面，形态均服从于思维。如果你诚心诚意地在现实的非定域层面积极拥抱最高阶的健康思维，那么无论你的病现在有多严重，健康都可能会在你的生活中显现，这只是个时间问题。

信念的能量越大，吸力也就越大

我为某个思维赋予的能量越大（假设这是一条观想治愈的思维），那么这条思维就越容易吸引其他与治愈相关的类似思维。这也就是说，它就越能抵达那个非定域意识中的"场域"，从而使治愈逐渐变为现实。我如果现在有了治愈的意愿，就有可能吸引各个层面所有与治愈相关的思维形态所蕴含的能量，从而激活我生活中的治愈流程。通过我的选择，我的生活就成了疗愈正在发生的那个"现实角落"中不可或缺的一部分。

不幸的是，反过来也是如此。我为恐惧赋予的能量越多，就越有可能吸引到非定域意识中所有其他的恐惧思维。简而言之，我就越有可能抵达非定域意识中那个"恐惧"正在发生的"场域"。因此，我就越有可能吸引到我真真切切害怕的东西。于是，我的恐惧成了自证预言。

[①] 如上所述，整个宏观宇宙的意识是最浩瀚的。我们每个人的个体意识都内嵌于这个宇宙意识之中，就像每一滴海水都是大海的一部分一样。当大脑坚定地持有某个想法或信念时，你就有可能与宇宙意识中相应的类似想法产生共鸣。

那我们该如何为思维、信念或意愿赋予能量或力量？

- **重复**——反复回味琢磨。一遍又一遍地重复你的想法或思维，在大脑中强化它。

- **全身心地投入**。只思考某个想法并不能为它赋予能量，因为你并没有更深层次地投入其中。然而，如果你全身心地投入其中的话，则可以挖掘出意识中更大、更浩瀚、更"非定域"的一面。当你的思维来自内在自我中更浩瀚、更"非定域"的层面时，它便会迅速融入所有其他的类似思维，从而形成合流。这样一来，你的思维便会吸引相应的丰沛能量，使思维变为现实。

- **形成明确的意愿**。仅仅是观想某个目标或希望它能变为现实还远远不够，这只能为它赋予一定程度的能量。然而，当你既形成了特定的意愿，又能准确无误地献身其中，你便能聚焦自己的能量。这个聚焦起来的能量往往会更强大。这个不难理解，想想激光与白炽灯泡之间的对比就很清楚了。高度聚焦的光（激光）比散射光（灯光）强烈得多，其能量也大得多。如果思维和信念为能量现象，那我们完全可以用激光来类比。我在第9章已提到过，百分之百发自内心的明确意愿和承诺往往会吸引天时地利人和。当你全身心地投入其中时，意愿的力量便会得到加强。当你重复自己的想法，当你长期坚信自己的想法时，你便有了所谓的承诺。一如既往地献身于某个目标是最强大的、最有力的将目标变为现实的方法。

- **将你的意愿"灵性化"**。如要进一步为一个明确坚定的意愿赋予能量和力量，你可以唤醒、召唤或依赖灵性资源。灵性化的方法多种多样，不过从传统来看，最流行、最常用的莫过于祈祷。

生活是信念的外在映象

人们常说的"种瓜得瓜，种豆得豆"以及"善有善报，恶有恶报"高度概括了这一理念。这一理念只是将前面两小节的思想融会贯通。如果在自己的信念中源源不断地注入能量，你往往就能将信念变为现实。如果你相信自己的慢性病能够治愈，然后付出大量的时间和精力来巩固这种信念，你很可能就能吸引到疗愈的力量。疗愈的形式一共分为三种：第一，你也许奇迹般地被治愈了，这个奇迹可能发生在一夜之间，也可能是一个天长日久的过程。总之，你的情况明显改善了。无论是过去还是近期，我们都能发现无数患者奇迹般治愈的记录。第二，你也许会吸引到帮助你治愈的资源。例如，你可能看到杂志上的某篇文章、听到某种前所未闻的疗法、找到某位医师或读到某条让你福至心灵从而改变生活的金句。所有这些意外的事件都有可能让你最终治愈，彻底摆脱病魔。第三，你的病情仍然持续。现状虽然并未改变，但你的心态发生了翻天覆地的变化，你可以和疾病和平相处，不再有曾经的挣扎和痛苦。这种"治愈"更多的是心理层面上的，而不是生理层面上的。

好消息是，无论你面临的困境有多艰难，在意愿和信念的支撑下，你总有能力重建自己的生活。

而坏消息是，如果你沉溺于负能量，如果你源源不断为自己所恐惧的东西提供"养料"，最终就有可能吸引到自己最害怕的结果，这也正是流行术语"自证预言"①的意义之所在。

大多数时候，我们绝大多数人的感情都比较复杂，也许希望中掺杂着恐惧，信念中掺杂着犹疑，乐观中掺杂着悲观。结果导致我们无法创造出任何特别积极或消极的东西，因为我们的信念相互冲突，彼此抵消。然而，如果采用上一小节中描述的方法为某个积极的信念赋予能量，无论有什么样的恐惧、犹疑、怨恨或内疚挡住前路，你都能创造出全新的生活。

并非所有现状都是信念的结果

有的人有一种错误的倾向，他们认为发生在他们身上的一切都是他们的信念所导致的结果。如果你被卡车撞了，这个悲剧肯定是你一手"导致"的，或者就是你自己"招来"的。错得更离谱的是，如果一个孩子被残忍虐待，那肯定是这个孩子自找的。这种假设的中心思想就是，你周遭的一切都是你的信念导致的结果。

在我看来，这是极端化地看待"信念造就现实"的理念。事实上，这也是一种简单粗暴的极端简化。这世上有两种状况不是由你的思维、欲望和信念所导致的：1）社会或人类之集体意识中的信念所导致的状况；2）"宇宙"的"意识"（我在这里实在找不到更贴切的词）所导致的状况。如果机构决定加税，这种状况就不是由你一手导致的，它其实是社会的集体意识造就的结果。如果你被一位醉酒的司机撞伤，这种飞来横祸可能也并不是你"吸引"来的，这

① 又称"自我应验预言"或"自我实现预言"，这是由美国社会学家罗伯特·金·莫顿提出的一种社会心理学现象，是指人们先入为主的判断，无论其正确与否，都将或多或少地影响到人们的行为，以至于这个判断最后会真的实现。

仅仅是因为在你所属的社会（集体意识）中，醉酒和醉驾极其频繁。大群体的集体信念造就了这样的状况，而你作为这个群体中的一员，正好参与其中而已。野餐时正好下雨，这种结果也不是你一手造就的，而是大气压降低所导致的。你的父母不是你能够选择的，更不是你能够造就的。还有许多其他的人或事进入你的生活都不以你的意志为转移。科学唯物主义论可能会认为，这些状况只是随机发生的。我在此只想称这类状况为"人生境遇"，我推测这些境遇并不是随机的，事实上，它们可能是某种远比我们的个人自我更浩瀚、更辽远的意识或智慧的某些意识的外在映象。我们没有人能完全清楚我们所有的境遇为什么会碰巧出现在我们的人生之中。

总而言之，你人生中的某些境遇是你特定的信念、心态或欲望所造就的，而另外一些则不是。关键在于你要有意志——无论面临多少不幸，都要有能力改变心态和信念扭转困境。从这个意义来看，你是命运的主宰，虽然你人生中的所有境遇并不是全由你一手造就的或招来的。

有效的反驳语和自我肯定语

饱受焦虑折磨时，以下反驳语可能会对你特别有帮助。

消极的自我对话	积极的反驳语
我受不了了。	我可以学着处理焦虑情绪。
如果我一直都好不了，那该怎么办？	我可以一点一点地化解，至于未来会怎样，我没必要去预测。
我觉得自己就是个残废，和别人不能比。	有些人的人生道路的确会比别人的曲折。即使我的外在成就不如别人，但这并不意味着我身而为人的价值就有所减损。
为什么得焦虑症的人偏偏是我？别人似乎都在无忧无虑地享受生活。	人生是一所学校。不管出于什么原因，至少在眼下上帝给了我一条更曲折的道路，但这并不能说明我哪里做错了。事实上，逆境更能磨炼我的心志，培养我的同情心。
上天对我真不公平。	从人类的角度来看，人生有时似乎不公平。但如果从一个更宏观的角度来看，冥冥之中自有天意，一切都是最好的安排。
我不知道该怎么应对。	我可以学着更好地应对焦虑情绪以及任何人生困境。

消极的自我对话	积极的反驳语
我觉得自己处处不如人。	别人的外在成就是别人的事。我现在只专注于自己的内心成长和蜕变，把这条路走好一样有价值。找到我个人内心的平静可以成为给他人的礼物。
每一天都是一种煎熬。	我得学会放慢节奏。我应该抽时间呵护自己，抽时间做一点滋养身心的小事。
我不明白为什么我会弄到现在这步田地——为什么倒霉的人是我？	原因有很多，包括遗传因素、童年经历以及日积月累的压力。了解原因可以满足智力上的好奇心，但对治疗无益。
我觉得自己马上就要疯了。	焦虑情绪高涨时，我觉得自己正在失控，但这种感觉绝不意味着我真的要发疯。焦虑症离那种会发疯的病还差十万八千里远。
我必须拼死抵抗。	对抗问题于事无补，不如在生活中腾出更多时间更好地照顾自己。
我不该让这种事发生在我身上。	焦虑症深层次的病因在于遗传和童年环境，所以这不是我造成的。但我现在应该设法改善情绪，这是我的责任。

你也许可以将以下"抗焦虑自我肯定语"和"抗恐惧脚本"录音，然后每天在心情轻松的时候听一听，以巩固积极心态，相信自己一定能战胜焦虑。

抗焦虑自我肯定语

我正在学习放下忧虑。

每一天，我都在学习化解忧虑和焦虑，我的化解能力与日俱增。

我正在学习切断焦虑情绪的养料来源——我选择宁静而不是恐惧。

我正在学习有意识地选择自己的想法，现在我选择的想法都是对我有建设性且大有助益的。

焦虑情绪涌上来的时候，我可以先缓一缓，深呼吸，让这些情绪自行离去。

焦虑情绪涌上来的时候，我可以抽点时间放松，将这些情绪释放掉。

深度放松给了我摆脱恐惧的选择自由。

焦虑源于虚妄的想法，这些想法都是可以放下的。

等看清绝大多数状况的真面目后，其实完全没有什么是值得害怕的。

恐惧思维往往是被夸大的，我会越来越有能力轻而易举地将它们打回原形。

现在，放松情绪并说服自己放下焦虑比以前容易多了，我正在一天天地好转。

我忙着思考积极的、有建设性的思维，几乎没时间担心焦虑。

我正在学习控制自己的思想，选择对我有益的思维。

我对自己越来越有信心，我深信无论遭遇什么样的状况我都能应付裕如。

恐惧正在从我的生活中一点一点地消解、消失。现在的我淡定自信，有安全感。

怀着平常心放慢生活节奏之后，我的生活变得更轻松、更平静。

现在的我更有能力放松心情，更能找到安全感，我发现这世上没有什么好怕的。

我越来越自信，知道自己能应付任何情况。

抗焦虑脚本

专注于让我恐惧的事物只会让我更恐惧。

足够放松时，我便能改变焦点……将心思放在有爱、有支持性、有建设性的想法之上。

我不能让可怕的想法自动消失，但一味抗拒只会助长它们的气焰。

相反，我可以重新引导自己的思维，多关注平和淡定的想法和环境。只要这样做，我便能选择平静而不是恐惧。我越是选择平静，平静就越能成为我生活的一部分。

通过练习，我能更好地调整思维。

我学会了少关注恐惧。

我越来越有能力选择健康有益的思维，而不是恐惧思维。

我抽时间放松身心……重新连接内心深处那块永远平静的角落。当我抽时间这样做的时候，我便能选择摆脱恐惧思维。

我可以让自己的心智拓展到一个更广阔的场域，从而超越恐惧思维。恐惧需要心智聚焦于极小的一点。当我放松或冥想的时候，我的心智会变得无比深邃、辽远，以至于恐惧再也无法束缚我。

我正在学着看清，恐惧思维往往会过度高估风险或威胁。

在绝大多数情况下，我真正面临的风险其实微乎其微。

诚然，我无法百分之百消除生活中的所有风险。

我们生活在实实在在的世界中，我们的肉身亦是实实在在的，所以风险在所难免。

我正在学着认识到我有夸大风险的倾向——我总是把它们不成比例地放大。

每一种恐惧都是因为我高估了风险，低估了自己应对风险的能力。

如果多用一点时间深究这些恐惧思维，我会发现它们往往都站不住脚。

如果我能用客观的眼光审视绝大多数的情形，我会发现其实它们一点也不危险。

如果我练习用客观的思维代替恐惧思维，最终这些恐惧思维便会无处遁形。

每次心生恐惧时，我都能意识到恐惧思维确有不实之处，于是便能释然地放下它们。

关键在于不给恐惧提供养料……不沉溺其中，不给它们能量。

相反，我可以练习重新引导我的注意力，使其转向更积极、更阳光的事物上面。

我可以把精力放在与朋友聊天、阅读励志书籍、做手工、听磁带或任何能帮助我忘却恐惧的活动上面。

通过练习，我能够越来越熟练地摆脱恐惧思维——而不是任由其将我吞噬。

我开始成为大脑的主人，而不是它玩弄的对象。

我开始认识到，其实面对恐惧我有许多选择。

我可以跳进去，也可以跳出来。

而且，随着时间的推移，我已学会了跳出恐惧。

在喧嚣的世界里，

坚持以匠人心态认认真真打磨每一本书，

坚持为读者提供

有用、有趣、有品位、有价值的阅读。

愿我们在阅读中相知相遇，在阅读中成长蜕变！

好读，只为优质阅读。

超越焦虑

策划出品：好读文化　　　　　　监　　制：姚常伟

责任编辑：赵露丹　　　　　　　产品经理：程　斌

特邀编辑：云　爽　　　　　　　装帧设计：仙　境

图书在版编目（CIP）数据

超越焦虑 / (美) 艾德蒙·伯恩 (Edmund Bourne)
著；李亚萍译. -- 杭州：浙江教育出版社, 2023.5
　ISBN 978-7-5722-5334-8

　Ⅰ. ①超… Ⅱ. ①艾… ②李… Ⅲ. ①焦虑—心理调
节—通俗读物 Ⅳ. ①B842.6-49

中国版本图书馆CIP数据核字（2023）第035644号

BEYOND ANXIETY AND PHOBIA: A STEP-BY-STEP GUIDE TO LIFETIME RECOVERY by
EDMUND J. BOURNE, PH.D.

Copyright © 2001 by EDMUND J. BOURNE, PH.D.

This edition arranged with NEW HARBINGER PUBLICATIONS

through BIG APPLE AGENCY, LABUAN, MALAYSIA.

Simplified Chinese edition copyright © 2023 by Beijing Goodreading Culture Media Co., Ltd.

All rights reserved.

版权合同登记号　浙图字 11-2023-002

超越焦虑
CHAOYUE JIAOLÜ

［美］艾德蒙·伯恩　著　李亚萍　译

责任编辑：赵露丹
美术编辑：韩　波
责任校对：马立改
责任印务：时小娟
出版发行：浙江教育出版社
　　　　　（杭州市天目山路 40 号　电话：0571-85170300-80928）
印　　刷：河北鹏润印刷有限公司
开　　本：880mm×1230mm　1/32
成品尺寸：145mm×210mm
印　　张：10.75
字　　数：200000
版　　次：2023 年 5 月第 1 版
印　　次：2023 年 5 月第 1 次印刷
标准书号：ISBN 978-7-5722-5334-8
定　　价：55.00 元

如发现印装质量问题，影响阅读, 请与本社市场营销部联系调换。
电话：0571-88909719